普通高等学校
机器人与智能制造相关专业系列教材

JIQIREN SHIJUE JISHU JI ANLI YINGYONG

微课版

机器人视觉技术及案例应用

主　编　梅志敏　郭香敏

副主编　王　伟　贺照云

　　　　王　姣　陈　艳

主　审　吴成东

大连理工大学出版社

图书在版编目(CIP)数据

机器人视觉技术及案例应用 / 梅志敏，郭香敏主编
． -- 大连 ： 大连理工大学出版社，2023.7
普通高等学校机器人与智能制造相关专业系列教材
ISBN 978-7-5685-4178-7

Ⅰ．①机…Ⅱ．①梅…②郭…Ⅲ．①工业机器人—
计算机视觉—高等学校—教材Ⅳ．①TP242.2

中国国家版本馆 CIP 数据核字(2023)第 010357 号

大连理工大学出版社出版

地址：大连市软件园路 80 号　邮政编码：116023
发行：0411-84708842　邮购：0411-84708943　传真：0411-84701466
E-mail：dutp@dutp.cn　URL：https://www.dutp.cn

辽宁新华印务有限公司印刷　　　　　　大连理工大学出版社发行

幅面尺寸：185mm×260mm	印张：14.5	字数：335 千字
2023 年 7 月第 1 版		2023 年 7 月第 1 次印刷

责任编辑：王晓历　　　　　　　　　　责任校对：齐　欣
封面设计：对岸书影

ISBN 978-7-5685-4178-7　　　　　　　　　定　价：46.80 元

前言

2023年1月，工信部联合17部门印发"机器人＋"应用行动实施方案，推动机器人融入向各行业纵深发展，智能化、数字化建设是主旋律。而高等教育是培养人才和创新的重要载体，作者团队一直在探索将典型的机器人与机器视觉真实应用场景通过数字化教材呈现。本教材以 HALCON 工业视觉设计平台为载体，以机器人视觉定位、引导、检测和 Blob 分析等为应用对象，培养机器人机器视觉的综合应用型人才。同时，本教材通过循序渐进的项目式案例设计，使学生清晰了解机器人视觉系统组成、工艺流程和调试方法等内容；从"硬件-软件-案例-联调"的案例实施，使学生准确了解 HALCON 软件，以适应现代化装备制造业生产和教育发展，满足实际应用的需求。市面上将机器人视觉系统应用设计和 HALCON/Vision Studio 等平台相结合的培训或产品手册较少，缺乏系统学习和相关理论的指导，本教材是对机器人视觉技术技能培训教材的有力补充。

本教材融入了较多的机器人与智能制造行业案例，从企业的生产实际出发，经过广泛的调研，选取目前最典型的机器人视觉案例项目，以机器人视觉为载体，将相关的原理和实践有机结合，使学生在实际操作中学会相应知识和技能。

全书共11章，第1章、第2章介绍机器视觉及其软、硬件系统组成；第3章介绍图像采集的方法和调试；第4章、第5章介绍图像预处理和图像分割；第6章至第9章介绍几个重要的应用；第10章介绍外围设备的通信和调试；第11章延伸介绍了其他机器视觉软件与案例应用。每个案例均来自工程实践场景，由浅入深，循序渐进。

编写本教材的宗旨是：

(1)通俗易懂。尽量介绍必需的知识，让学生以最少的精力学会机器人视觉应用系统设计的方法。

(2)实战实用。本教材以工程实践项目的运行需求来组织，通过实例循序渐进地教会读者使用 HALCON 设计平台，掌握机器人视觉应用系统的运用。

(3)逻辑清晰。讲解基础应用中会用到的知识，通过可操作的任务实践来掌握各种软件的应用技巧。

(4)理实一体。侧重基本原理和基本概念的阐述，并始终强调基本理论的实际应用。富于启发性，便于自学和创新设计。

(5)知行合一。在学习中以实际案例讲解做法，参照做法实例学习如何运用。

本教材响应二十大精神，推进教育数字化，建设全民终身学习的学习型社会、学习型大国，及时丰富和更新了数字化微课资源，以二维码形式融合纸质教材，使得教材更具及时性、内容的丰富性和环境的可交互性等特征，使读者学习时更轻松、更有趣味，促进了碎片化学习，提高了学习效果和效率。

本教材由武昌工学院梅志敏、四川工商学院郭香敏任主编,由武昌工学院王伟、武昌理工学院贺照云、武昌首义学院王姣、文华学院陈艳任副主编。具体编写分工如下:第1章、第8章、第9章、第10章由梅志敏编写,第2章、第7章由王伟编写,第3章、第4章由贺照云编写,第5章由王姣编写,第6章由陈艳编写,第11章由郭香敏编写。全书由梅志敏统稿并定稿。苏州蓝丹智能科技有限公司、武汉金石兴机器人自动化工程有限公司、武汉悦辰科技有限公司为本教材提供了案例支持。东北大学吴成东教授审阅了书稿,并提出了大量宝贵的意见,在此谨致谢忱。

在编写本教材的过程中,编者参考、引用和改编了国内外出版物中的相关资料以及网络资源,在此表示深深的谢意!相关著作权人看到本教材后,请与出版社联系,出版社将按照相关法律的规定支付稿酬。

尽管我们在教材建设的特色方面做出了许多努力,但由于编者水平有限,书中不足之处在所难免,恳望各教学单位、教师及广大读者批评指正。

编　者

2023 年 7 月

所有意见和建议请发往:dutpbk@163.com

欢迎访问高教数字化服务平台:https://www.dutp.cn/hep/

联系电话:0411-84708462　84708445

目 录

第1章　机器人视觉概述 ··· 1

1.1　机器人的组成与技术参数 ····························· 2

1.2　机器视觉概述 ··· 9

1.3　机器人视觉应用场景 ··································· 10

第2章　机器视觉软、硬件系统组成 ···························· 14

2.1　常见的视觉软件介绍 ··································· 14

2.2　HALCON介绍 ··· 15

2.3　工业相机 ··· 25

2.4　镜　头 ··· 29

2.5　光　源 ··· 32

2.6　图像采集卡 ··· 34

2.7　案例应用：一种机器人视觉分拣装置 ··················· 34

第3章　图像采集 ··· 38

3.1　HALCON图像的基本结构 ······························ 38

3.2　图像在线采集 ··· 39

3.3　离线获取非实时图像 ··································· 41

3.4　案例应用：在线采集图像并进行简单的处理 ············· 45

第4章　图像预处理 ··· 53

4.1　图像运算 ··· 53

4.2　仿射变换 ··· 60

4.3　图像平滑 ··· 65

4.4　灰度变换 ··· 68

4.5　连通域 ··· 74

4.6　案例应用：图像的运算与仿射变换 ····················· 76

第5章　图像分割 ··· 77

5.1　阈值分割法 ··· 77

5.2　区域生长法 ··· 85

5.3　分水岭算法 ··· 90

5.4　案例应用：硬币图像分割 ······························ 92

第 6 章　形态学与 Blob 分析 ··· 95

　6.1　数学形态学预备知识 ··· 95

　6.2　二值图像的基本形态学运算 ·· 96

　6.3　二值图像的形态学应用 ·· 104

　6.4　案例应用:YUMI 协作机器人视觉分拣系统设计 ················· 111

第 7 章　特征提取与 OCR 识别 ··· 117

　7.1　特征提取概述 ··· 117

　7.2　基于区域的特征 ··· 118

　7.3　基于灰度值的特征 ··· 121

　7.4　OCR 识别 ··· 123

　7.5　案例应用:基于机器视觉的垃圾分类技术 ·························· 135

第 8 章　图像匹配 ··· 140

　8.1　图像匹配概述 ··· 140

　8.2　图像匹配的分类 ··· 140

　8.3　模板匹配的应用 ··· 148

　8.4　案例应用:磁环绕线点胶系统设计 ································· 158

第 9 章　图像测量 ··· 163

　9.1　HALCON 自定义测量模型 ·· 163

　9.2　HALCON 一维测量 ··· 166

　9.3　HALCON 二维测量 ··· 170

　9.4　HALCON 测量助手 ··· 177

　9.5　案例应用:风机叶轮尺寸测量 ······································ 180

第 10 章　外围通信与应用界面开发 ··· 186

　10.1　工业机器人与机器视觉通信 ·· 186

　10.2　机器视觉与西门子 PLC 通信 ······································ 192

　10.3　Visual Studio 应用界面开发 ······································· 199

　10.4　案例应用:收发快递机器人视觉系统设计 ························ 202

第 11 章　其他机器视觉软件与案例应用 ····································· 210

　11.1　其他机器视觉软件 ··· 210

　11.2　机器视觉标定 ·· 216

　11.3　机器视觉应用案例集锦 ·· 221

参考文献 ··· 226

第1章
机器人视觉概述

微课1

　　近年来,中国制造 2025 推动了我国先进制造业的快速发展,机器人技术是中国制造 2025 的十大攻关技术之一。它的应用和发展对提升我国制造业水平和国际竞争力、带动上下游产业活力、改善劳动密集型人力紧缺局面都有着重要的意义。目前机器人发展的方向主要有两个:工业型机器人和服务型机器人。工业型机器人的发展目前已相对成熟,各种焊接机器人、搬运机器人、切割机器人、牵引机器人等均已在多个行业广泛使用。服务型机器人又分为个人服务机器人、家用服务机器人和专业服务机器人。其中,个人和家用服务机器人主要包括家庭作业机器人、娱乐休闲机器人、残障辅助机器人、住宅安全和监视机器人等;专业服务机器人主要包括场地机器人、专业清洁机器人、医用机器人、物流用途机器人、检查和维护保养机器人、建筑机器人、水下机器人,以及国防、营救和安全应用机器人等。各类服务型机器人因工况复杂,需要专机专用,开发难度和成本都较大,因此目前服务型机器人仍处于发展的初步阶段,有着广阔的发展前景。

　　机器人技术走在前列的是日本、德国、美国、法国、韩国等发达国家。尤其在工业机器人领域,日、德两国一直处于全球领先地位。日本的发那科(FANUC)、安川电动机(YASKAWA)、德国的库卡(KUKA)和瑞士的 ABB 是全球主要的工业机器人供应商。日、德两国工业机器人的崛起和发展,与其国内日益严重的劳动力短缺有着密切的联系。20 世纪 60 年代,日本从美国引进机器人技术,随着日本经济的快速发展和劳动力短缺日益严重等问题,工业型机器人技术在机械、电子、汽车等领域迅速发展并得到了广泛推广。1980 年被称为日本机器人普及元年,工业型机器人也逐步从上述产业推广到了其他制造领域。21 世纪随着人们对劳动解放的需求日益增加,从此进入了服务型机器人发展的新时代。而美国作为机器人的发源地,因其机器人技术全面、先进、适应性较强,一直处于世界先进水平,尤其在服务机器人方面。我国与日、德、美等国相比,机器人发展仍较为落后,尤其是工业机器人方面,仍主要依赖国外进口,这与我国制造业大国的定位无法匹配,因此,大力发展机器人技术是我国制造业发展的方向。我国服务型机器人市场从 2005 年前后才开始初具规模,与其他国家相比虽起步较晚,但相比工业型机器人整体差距较小。由于我国人口较多,需求市场巨大,我国的服务型机器人面临着较大的机遇和发展空间。我国家用的服务型机器人主要有吸尘器机器人,教育、娱乐、保安机器人,智能穿戴机器人,智能玩具机器人等。

　　机器视觉作为机器人的眼睛,是机器人发展的关键部分。美国制造工程师协会(SME)机器视觉分会和美国机器人工业协会(RIA)自动化视觉分会对机器视觉的定义:机器视觉是通过光学装置和非接触式的传感器,自动地接收和处理一个真实物体的图像,以获得所需信息或用于控制机器人运动的装置。而现在所发展的机器视觉已经不仅局限于类似人眼起到对信息的接收作用,还可延伸至大脑对所获得的图像信息进行预处理和判断选择。通过机器视觉获得的信息质量将极大地影响机器人后续的信息分析处理和行为功能实现。目前在人工智能和自动化等领域的热门研究方向中,机器视觉已得到了广泛的应用,如医学、光学等领域,特别是在解决具有共同特征的批量图像处理方面上具有较强的优势,包括定位、识别、BLOB分析、测量等应用场景。因此,机器人与机器视觉的结合,是一项深受智能制造业欢迎的新技术。本章将介绍二者的联系和具体应用。

 1.1　机器人的组成与技术参数

1.1.1　机器人的组成

　　一般情况下,机器人由三大部分六个子系统组成。三大部分是机械部分、传感部分和控制部分。六个子系统可分为驱动系统、机械结构系统、感受系统、机器人-环境交互系统、人机交互系统和控制系统。如图1-1所示。

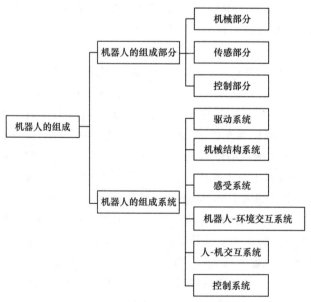

图 1-1　机器人的组成

1.机械部分

　　机械部分是工业机器人用以完成工作任务的实体,通常由本体、控制器、示教器、末端执行器等组成。

（1）本体

工业机器人由主体、驱动系统和控制系统三个基本部分组成。主体即机座和执行机构，包括臂部、腕部和手部，有的机器人还有行走机构。大多数工业机器人有 3～6 个运动自由度，其中腕部通常有 1～3 个运动自由度。驱动系统包括动力装置和传动机构，用以使执行机构产生相应的动作。控制系统是按照输入的程序对驱动系统和执行机构发出指令信号，并进行控制。

工业机器人按臂部的运动形式分为四种。直角坐标型的臂部可沿三个直角坐标移动；圆柱坐标型的臂部可做升降、回转和伸缩动作；球坐标型的臂部能回转、俯仰和伸缩；关节型的臂部有多个转动关节。

如图 1-2 所示为工业机器人在视觉产线上。

图 1-2　工业机器人在视觉产线上

（2）控制器

机器人控制器作为工业机器人最为核心的零部件之一，对机器人的性能起着决定性的影响，在一定程度上影响着机器人的发展。

作为机器人的核心部分，机器人控制器是影响机器人性能的关键部分之一，它从一定程度上影响着机器人的发展。由于人工智能、计算机科学、传感器技术及其他相关学科的长足进步，使得机器人的研究始终保持在高水平上进行，同时也为机器人控制器的性能提出更高的要求，对于不同类型的机器人，如有腿的步行机器人与关节型工业机器人，控制系统的综合方法有较大差别，控制器的设计方案也不一样。

机器人控制器是根据指令，以及传感信息控制机器人完成一定的动作或作业任务的装置，它是机器人的心脏，决定了机器人性能的优劣，从机器人控制算法的处理方式来看，可分为串行、并行两种结构类型。

①单 CPU 结构、集中控制方式。

用一台功能较强的计算机实现全部控制功能，在早期的机器人中，如 Hero-I，Robot-I 等，就采用这种结构，但控制过程中需要许多计算（如坐标变换），因此这种控制结构的速度较慢。

②二级 CPU 结构、主从式控制方式。

一级 CPU 为主机,担当系统管理、机器人语言编译和人机接口功能,同时也利用它的运算能力完成坐标变换、轨迹插补,并定时地把运算结果作为关节运动的增量送到公用内存,供二级 CPU 读取;二级 CPU 完成全部关节位置数字控制。这类系统的两个 CPU 总线之间基本没有联系,仅通过公用内存交换数据,是一个松耦合的关系。对采用更多的CPU 进一步分散功能是很困难的。

③多 CPU 结构、分布式控制方式。

普遍采用这种上、下位机二级分布式结构,上位机负责整个系统管理,以及运动学计算、轨迹规划等。下位机由多 CPU 组成,每个 CPU 控制一个关节运动,这些 CPU 和主控机联系是通过总线形式的紧耦合,这种结构控制器的工作速度和控制性能均有明显提高。但这些多 CPU 系统共有的特征都是针对具体问题而采用的功能分布式结构,即每个处理器承担着固定的任务,目前世界上大多数商品化机器人控制器都是这种结构。

(3)示教器

示教器又叫示教编程器(以下简称示教器),它是机器人控制系统的核心部件,是一个用来注册和存储机械运动或处理记忆的设备,该设备是由电子系统或计算机系统执行的。

示教器维修是示教器维护和修理的泛称,是针对出现故障的示教器通过专用的高科技检测设备进行排查,找出故障的原因,并采取一定措施使其排除故障并恢复达到一定的性能,确保机器人正常使用。示教器维修包括示教器大修和示教器小修。示教器大修是指修理或更换示教器任何零部件,恢复机器人示教器的完好技术状况和安全(或接近安全)恢复示教器使用寿命的恢复性修理。示教器小修是用更换或修理个别零部件的方法,保证或恢复示教器正常工作。

(4)末端执行器

一个机器人末端执行器指的是任何一个连接在机器人边缘(关节)具有一定功能的工具。这可能包含机器人抓手、机器人工具快换装置、机器人碰撞传感器、机器人旋转连接器、机器人压力工具、顺从装置、机器人喷涂枪、机器人毛刺清理工具、机器人弧焊焊枪、机器人电焊焊枪等。机器人末端执行器通常被认为是机器人的外围设备、机器人的附件、机器人工具、手臂末端工具(EOA)。

机器人的末端执行器主要指的是机械手。机械手是机器人系统中类似人类手的机构,是一种典型的仿生机构。人类的双手是极为灵巧的,机械的操作系统一般很难达到人类手的灵活性,正因为如此,模仿人类的手以使机器人具有类似人类的操作能力的想法,便成为一种动力和挑战,推动着机械手的科学研究。机械手是机械臂的"末端执行器"。

"末端执行器"(End Effector)是机械臂末端直接作用于对象的操作器(Manipulator)。然而,大多数末端执行器只能面向简单的和单一的操作任务,一般不具有人手灵巧的和通用(万能)的操作功能。末端执行器的种类很多,工业型末端执行器是一大类,如焊枪、喷枪、电磁吸盘、真空吸盘等。其中,吸盘具有了类似动物手或肢体的功能特征。

原始的机械手也是一种末端执行器。但夹持器更接近于手,因为,它的作用就是像手那样抓握物体。夹持器就是原始的机械手。机器人的夹持器,有些像钳子,就是一种夹具,可以夹取被操作的对象。为了夹取被操作的对象,夹持器需要完成开合的动作。如

图1-3所示为某末端夹持手的结构。

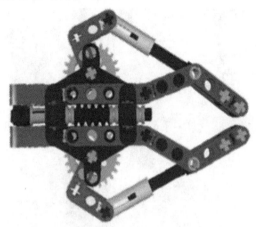

图1-3 末端夹持手的结构

2.传感部分

传感部分是机器人的重要组成部分,为机器人提供感觉,使机器人工作过程更加精确。传感部分主要由以下两大系统组成:

(1)感受系统

感受系统一般由内部传感器模块和外部传感器模块组成。内部传感器是完成机器人运动控制所必需的传感器,如位置、速度传感器等,用于采集机器人内部信息,是构成机器人不可缺少的基本元件;外部传感器用于检测机器人所处环境、外部物体状态或机器人与外部物体的关系,常用的外部传感器有触觉传感器、接近觉传感器、视觉传感器等。工业机器人传感器的分类如图1-4所示。

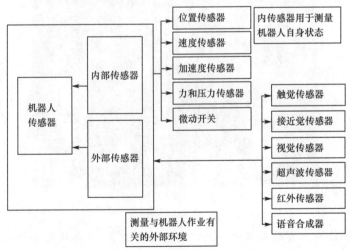

图1-4 工业机器人传感器的分类

(2)机器人-环境交互系统

机器人-环境交互系统是实现工业机器人与外部环境中的设备相互联系和协调的系统。工业机器人与外部设备集成为一个功能单元,如加工制造单元、焊接单元、装配单元等。也可以是多台机器人、多台机床设备或者多个零件存储装置集成一个能执行复杂任务的功能单元。如图 1-5 所示是机器人在医院送药。

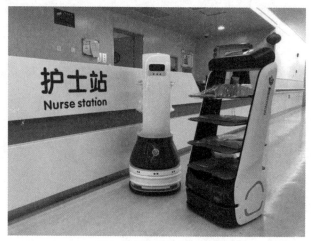

图 1-5　机器人在医院送药

3.控制部分

控制部分相当于机器人的大脑,可以直接或者通过人工对机器人的运动进行控制。控制部分可分为两个系统:

(1)人-机交互系统

人-机交互系统是使操作人员参与机器人控制,并与机器人进行联系的装置,例如示教器、指令控制台、信息显示板、计算机标准终端、危险信号警报器等。总的来说,人-机交互系统可以分为两大部分,即指令给定系统和信息显示装置。如图 1-6 所示为机器人人-机交互系统控制面板。

图 1-6　机器人人-机交互系统控制面板

(2)控制系统

控制系统的作用主要是根据机器人的作业程序指令,以及从传感器反馈回来的信号支配执行机构去完成规定的运动和功能。工业机器人的位置控制方式有点位控制和连续路径控制两种。点位控制方式只需要知道机器人末端执行器的起点和终点位置,而不需要知道这两点之间的运动轨迹,这种控制方式可完成无障碍条件下的点焊、上/下料、搬运等操作;连续路径控制方式不仅要求机器人以一定的精度达到目标点,而且对移动轨迹也有一定的精度要求,如机器人喷漆、弧焊等操作,实质上这种控制方式是以点位控制方式

为基础,在每两点之间用满足精度要求的位置轨迹插补算法实现轨迹连续化。如图 1-7
所示是机器人的集中控制系统。

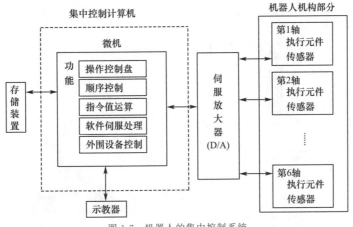

图 1-7 机器人的集中控制系统

1.1.2 工业机器人技术参数

工业机器人的技术参数主要包括自由度、工作空间、工作速度、精度、承载能力、驱动
方式、控制方式等。

1. 自由度

自由度是指工业机器人在空间运动所需要的变量数,用以表示工业机器人运动的灵
活程度,一般是以沿轴线移动和绕轴线转动的独立运动数目来表示的。

自由物体在空间中有六个自由度,即三个移动自由度和三个转动自由度。工业机器
人往往是开式连杆系,每个关节运动副只有一个自由度,因此工业机器人的自由度数目就
等于其关节数。工业机器人的自由度数目越多,其功能就越强。目前工业机器人的自由
度一般为 4～6 个。当机器人的关节数(自由度)增加到对末端执行器的定向和定位不再
起作用时,便会出现冗余自由度。冗余自由度的出现可增强机器人的工作灵活性,但会使
其控制变得更加复杂。

2. 工作空间

工作空间是指工业机器人臂杆的特定部位在一定条件下所能达到空间的位置集合。
工作空间的形状和大小反映了工业机器人工作能力的大小。

通常工业机器人说明书中表示的工作空间是指腕部机械接口坐标系的原点在空间能
到达的范围,即腕部端点法兰的中心点在空间所能到达的范围,而不是末端执行器端点所
能到达的范围。因此,在设计和选用时,要注意安装末端执行器后机器人实际所能达到的
工作空间。图 1-8 所示为 ABB1410 型号工业机器人的工作范围。

3. 工作速度

工作速度是指工业机器人在工作载荷条件下,在匀速运动过程中,机械接口中心或工
具中心点在单位时间内所移动的距离或转动的角度,包括工业机器人手臂末端的速度。
工作速度直接影响工作效率,简单来说,工作速度越高,工作效率就越高。所以,工业机器

人的加速、减速能力显得尤为重要,需要保证工业机器人加速、减速的平稳性。

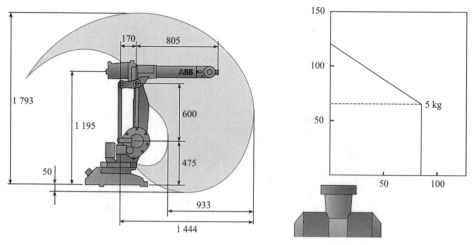

图 1-8　ABB1410 型号工业机器人的工作范围

4. 精度

工业机器人的精度包括定位精度和重复定位精度。定位精度是指工业机器人腕部实际到达位置与目标位置之间的差异,用反复多次测定的定位结果的代表点与指定位置之间的距离表示;重复定位精度是指工业机器人腕部重复定位于统一目标位置的能力,以实际位置值的分散程度来表示,实际应用时常以重复测试结果的标准偏差值的 3 倍来表示,它是衡量一系列误差值的密集度。

5. 承载能力

承载能力是指工业机器人在工作空间内的任何位置上所能承受的最大质量。承载能力不仅取决于负载的质量,而且与工业机器人的运行速度、加速度有关。安全起见,一般承载能力是指工业机器人高速运行时的承载能力,包括机器人末端操作器的质量。

6. 驱动方式

驱动方式主要指的是关节执行器的动力源形式,一般包括液压驱动、气压驱动、电气驱动。不同的驱动方式有其独特的优势和特点,应根据实际工作需求进行合理选择。通常比较常用的驱动方式是电气驱动。液压驱动的主要优点是可以利用较小的驱动器输出较大的驱动力,其缺点是油料容易泄漏、污染环境;气压驱动的主要优点是具有较好的缓冲作用,可以实现无级变速,其缺点是噪声大;电气驱动的优点是驱动效率高,使用方便,而且成本较低。

7. 控制方式

工业机器人的控制方式也称为控制轴方式,主要是指控制工业机器人的运动轨迹。一般来说,控制方式有两种:一种是伺服控制,另一种是非伺服控制。伺服控制方式又可以分为连续轨迹控制类和点位控制类。与采用非伺服控制方式的工业机器人相比,采用伺服控制方式的工业机器人具有较大的记忆储存空间,可以储存较多的点位地址,使得运行过程更加复杂、平稳。

1.2　机器视觉概述

　　机器视觉是人工智能正在快速发展的一个分支。简单说来,机器视觉就是用机器代替人眼来做测量和判断。机器视觉系统是通过机器视觉产品(图像摄取装置,分 CMOS 和 CCD 两种)将被摄取目标转换成图像信号,传送给专用的图像处理系统,得到被摄目标的形态信息,根据像素分布和亮度、颜色等信息,将其转变成数字化信号;图像系统对这些信号进行各种运算来抽取目标的特征,进而根据判别的结果来控制现场的设备动作。机器视觉系统组成如图 1-9 所示。

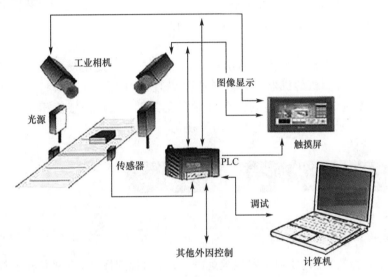

图 1-9　机器视觉系统组成

　　一个典型的机器视觉系统包括以下五大块:

　　1. 光学成像模块

　　该模块又可以分为照明系统设计和镜头光学系统设计两部分。

　　照明系统设计就是通过研究被测物体的光学特性、距离、物体大小、背景特性等,合理地设计光源的强度、颜色、均匀性、结构、大小,并设计合理的光路,达到获取目标相关结构信息的目的。

　　镜头是将物方空间信息投影到像方的主要部件。镜头光学系统设计主要是根据检测的光照条件和目标特点选好镜头的焦距,光圈范围。在确定了镜头的型号后,设计镜头的后端固定结构。

　　2. 图像传感器模块

　　该模块主要负责信息的光电转换,位于镜头后端的像平面上。目前,主流的图像传感器可分为 CCD(Charge-coupled Device 电荷耦合元件)与 CMOS 图像传感器两类。因为是电信号的信源,所以良好稳定的电路驱动是设计这一模块的关键。

　　3. 图像处理模块

　　该模块主要负责图像的处理与信息参数的提出,可分为硬件结构与软件算法两个层次。

　　硬件结构层次一般是以 CPU 为中心的电路系统。基于计算机的机器视觉使用的是计算机的 CPU 与相关的外设；基于嵌入式系统的有独立处理数据能力的智能相机依赖于板上的信息处理芯片，如 DSP、ARM、FPGA 等。

软件算法层次包括一个完整的图像处理方案与决策方案，其中包括一系列的算法。在高级的图像系统中，会集成数据算法库，便于系统的移植与重用。当算法库较大时，通过图形界面调用算法库。

4. IO 模块

IO 模块是输出机器视觉系统运算结果和数据的模块。基于计算机的机器视觉系统可将接口分为内部接口与外部接口，内部接口只要负责系统将信号传到计算机的高速通信口，外部接口可完成系统与其他系统或用户通信和信息交换的功能。智能相机一般使用通用 IO 模块与高速的以太网完成对应的所有功能。

5. 显示模块

显示模块可以认为是一个特殊的用户 IO 模块，它可以使用户更为直观地检测系统的运行过程。基于计算机的机器视觉系统中可以直接通过 PCI 总线将系统的数据信息传输到显卡，并通过 VGA 接口传到计算机屏幕上。独立处理的智能相机通常通过扩展液晶屏幕和图像显示控制芯片实现图像的可视化。

1.3　机器人视觉应用场景

1.3.1　识别

图像识别，简单讲就是使用机器视觉处理、分析和理解图像，识别各种各样的对象和目标，功能非常强大。最典型的图像识别应该就是识别二维码了。二维码和条形码是我们生活中极为常见的条码。在商品的生产过程中，厂家会把很多的数据储存在小小的二维码中，通过这种方式对产品进行管理和追溯，随着机器视觉图像识别技术的应用变得越来越广泛，各种材质表面的条码也变得非常容易被识别、读取、检测，从而提高了现代化的水平、提高生产效率、降低生产成本。如图 1-10 所示为机器视觉应用于车牌识别，如图 1-11 所示为机器视觉应用于水果识别。

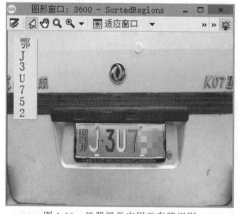

图 1-10　机器视觉应用于车牌识别

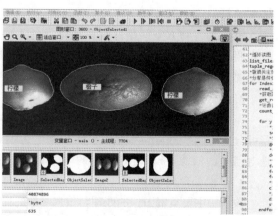

图 1-11　机器视觉应用于水果识别

1.3.2　检测

检测是机器视觉在工业领域最主要的应用之一，几乎所有产品都需要检测，而人工检测存在着较多的弊端，人工检测准确性低，长时间工作的话，准确性更是无法保证，而且检测速度慢，容易影响整个生产过程的效率。因此，机器视觉在图像检测方面的应用也非常的广泛，如硬币字符检测、电路板检测等，以及人民币造币工艺的检测，对精度要求特别高，检测的设备也很多，工序复杂。此外还有机器视觉的定位检测，如饮料瓶盖的生产是否合格、是否有问题，产品的条码字符的检测识别，玻璃瓶的缺陷检测，以及药用玻璃瓶检测，医药领域也是机器视觉的主要应用领域之一。图 1-12 为口罩不同佩戴部位质量检测。

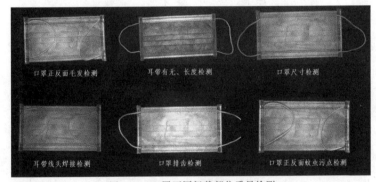

图 1-12　口罩不同佩戴部位质量检测

1.3.3　分拣

在机器视觉应用环节中，物体分拣的应用是建立在识别、检测之后的一个环节，通过机器视觉系统将图像进行处理，结合机械臂的使用实现产品分拣。举个例子，在过去的生产线上，是用人工的方法将物料安放到注塑机里，再进行下一步工序。现在则是使用自动化设备进行分料，其中使用机器视觉系统进行产品的图像抓取、图像分析，输出结果，再通过机器人，把对应的物料放到固定的位置上，从而实现工业生产的智能化、现代化、自动化。如图 1-13 为并联机器人视觉分拣。

图 1-13　并联机器人视觉分拣

1.3.4　定位

视觉定位能够准确地检测产品并且确认它的位置。在半导体制造领域,芯片的位置信息调整拾取头非常不好处理,但是机器视觉则能够解决这个问题。半导体制造领域需要准确拾取芯片和绑定,这是视觉定位成为机器视觉工业领域最基本应用的原因。图 1-14 为视觉点胶机。

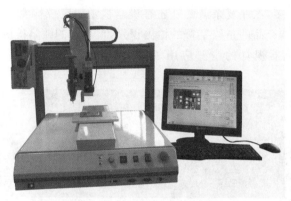

图 1-14　视觉点胶机

1.3.5　测量

机器视觉工业应用最大的特点就是其非接触测量技术,由于非接触无磨损,因此避免了接触测量可能造成的二次损伤隐患。机器视觉对物体进行测量,不需要像传统人工一样对产品进行接触,但是其高精度、高速度性能一样不少,不但对产品无磨损,还解决了给产品造成二次伤害的可能,这对精密仪器的制造水平有明显的提升。对于定螺纹、麻花钻、IC 元件管脚、汽车零部件、接插件等的测量,都具有非常普遍的应用。图 1-15 为某轮毂尺寸视觉测量,图 1-16 为芯片尺寸测量。

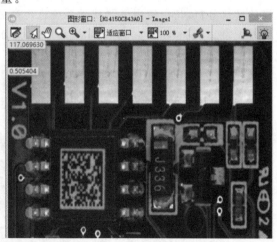

图 1-15　某轮毂尺寸视觉测量　　　　图 1-16　芯片尺寸测量

习题一

1.机器人系统由哪几个部分组成,各自有何特点?

2.工业机器人技术参数包括哪些,各自定义是什么?

3.什么是机器视觉,由哪几个部分组成?

第 2 章
机器视觉软、硬件系统组成

2.1　常见的视觉软件介绍

图像处理是机器视觉关键技术的实现过程,如图 2-1 所示。目前常用的图像处理系统有两种:一种是基于智能相机的嵌入式图像处理系统,它将常用的图像处理算法封装成固定的模块,并将各模块系统集成在芯片中,用户可直接使用相应的功能;另一种是基于计算机的图像处理系统,外接相机与计算机配合使用,图像处理功能使用"软件平台＋工具包"的方式实现,结构相对较复杂,可多路并行处理,可自主开发相应算法程序以实现多种功能。

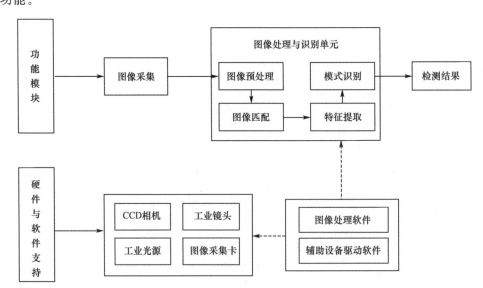

图 2-1　机器视觉软、硬件组成

以下主要介绍常用的基于计算机的图像处理系统,目前常用的机器视觉系统开发软件平台主要有以下三种:VC＋＋、C♯、LabVIEW,其各自特点见表 2-1。

表 2-1　　　　　　　　　　　视觉系统开发软件平台特点

软件平台	特点
VC++	通用的软件开发平台,功能强大,用户可以自己开发新算法,也可以使用其工具包,是机器视觉开发的首选平台
C#	相比较 VC++,其界面等功能实现难度低,更易上手,是新手入门的首选
LabVIEW	调用 NI 的 Vision 图像工具包,开发速度快,周期短,维护容易

机器视觉系统开发软件常用的工具包有 HALCON、Open CV、NI Vison、Matlab、ViSionPro、CK Vision 等。其各自特点见表 2-2。

表 2-2　　　　　　　　　　　视觉系统开发软件工具包特点

工具包	特点
HALCON	MVTec 开发的非开源视觉算法包,可为多种设备提供使用接口,可在 Windows、Linux 和 Mac OS X 操作平台运行,可使用 C、C++、C# 、Visual Basic、Delphi 等多种语言进行调用。其底层功能算法较多,运算性能快,使用较广泛
OpenCV	Intel 公司开发的开源的计算机视觉库,基于 C/C++语言开发,可在 MS-Windows 和 Linux 两种平台运行。用户可自由调用函数库
NI Vison	NI 公司开发的视觉模块,包含 NI Vison Builder 和 IMAQ Vision 两部分。NI Vison Builder 为可交互式开发环境,IMAQ Vision 为图像处理函数库。用户上手较易,使用开发周期较短
Matlab	MathWorks 公司开发的数学软件。其功能强大,可用于数据分析、无线通信、深度学习、图像处理与计算机视觉、信号处理、量化金融与风险管理、机器人、控制系统等领域。可支持多种图像类型,实现多种图像处理功能
ViSionPro	由美国康耐视公司开发的一套机器视觉算法软件,功能强大,上手容易
CK Vision	由创科公司开发,价格便宜,国内用量较大

本章以智能产线应用较广的 HALCON 平台为例,通过对 HALCON 的学习,了解 HALCON 在视觉系统开发中的使用。

 ## 2.2　HALCON 介绍

HALCON 是德国 MVTec 公司开发的一套完善标准的机器视觉算法包。它更像是一个图像处理库,由一千多个各自独立的函数和底层的数据管理核心构成。常用的几何处理和影像计算功能都包含在内,这些处理功能多种多样并且多为非特定工作设计,因此 HALCON 可以作为一个通用的视觉处理资源包,应用范围非常广泛,医学检查、安防监控、工业检测、遥感探测等多个领域均可使用。HALCON 算子较多且操作调用简单,运算能力较强、调试方便,非常适合新手学习使用。HALCON 有自己的一套交互式的程序设计界面 HDevelop,可使用 HALCON 程序代码直接撰写、修改、调试、执行程序,并可查看计算过程中的所有变量,开发者也可以使用全局变量在 HDevelop 程序中同时开启多个窗口。在使用 HALCON 完成设计后,可以直接输出 C、C++、C# 、Visual Basic、Delphi 等程序代码。HALCON 对取像设备无限制,开发者可以根据自己的情况自行选择设备。良好的交互性、简单快捷的开发环境、与其他软件/硬件较高的适配性等特点,都大大缩短了使用 HALCON 开发所需要的时间。HALCON 同时提供大量范例程序,从使用的范围、应用的领域,到具体的实施方法,都给出了具体范例,开发者可以根据自己的开发需求参考不同的应用范例,厘清开发思路,快速使用软件完成开发。

2.2.1　HALCON 安装

HALCON 安装起来比较方便。从 HALCON 17 开始支持深度学习,下面以 HALCON 17 为例进行安装,其他版本的安装过程与 HALCON 17 相比几乎无区别。

(1)下载

从 MVTec 官网下载 HALCON 的软件安装包,包含下面两个安装包,如图 2-2 所示。

halcon-17.12.0
0-windows.exe

halcon-17.12.0
0-windows-images-deep-learning.exe

图 2-2　HALCON 的软件安装包

halcon-17.12.0-windows.exe 是主程序安装包,halcon-17.12.0-windows-images-deep-learning.exe 是深度学习的图像安装包(如果用不到可以不安装)。

(2)软件安装

双击打开第一个程序安装包,出现如图 2-3 所示的安装界面。

图 2-3　安装界面

HALCON 的安装比较简单,根据提示一直单击"Next"按钮,默认安装即可,只有在创建快捷方式时候需要操作(勾选),其中需要注意以下两点:

①路径的选择

默认安装路径为 C 盘,如果空间不足可以手动改成其他安装路径,但是安装路径需要记住。如图 2-4 所示。

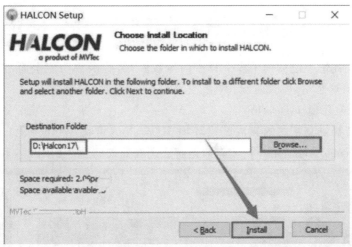

图 2-4　安装路径的设置

②创建快捷方式

出现完成界面后,取消"Show Readme"复选框的勾选,勾选"Create Desktop Shortcut for HDevelop"复选框,然后单击"Finish"按钮完成创建。HALCON 的安装过程中只有此过程需要选择创建快捷方式,需要注意。如图 2-5 所示。

图 2-5　创建快捷方式

此时主程序已经安装完成。

注:HALCON 17 以下的版本,没有深度学习模块。

③深度学习模块的安装

一般不需要安装此模块，如果有需求，可以进行安装。此模块的安装过程比较简单，直接双击第二个程序，根据界面提示，单击"Next"按钮，直至安装完成即可。

2.2.2　HDevelop 开发环境

HALCON 提供了包括一千多个算子的函数库，这些函数功能全面，性能良好，主要包括 Blob 分析、形态学、模式匹配、测量、三维目标识别和立体视觉等。

（1）集成开发环境 HDevelop

HALCON 提供交互式的集成开发环境 HDevelop，可在 Windows、Linux、UNIX 下使用，使用 HDevelop 可使用户快速有效地解决图像处理问题。如图 2-6 和图 2-7 所示。

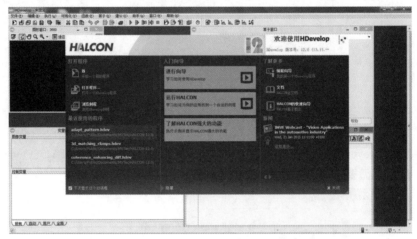

图 2-6　集成开发环境 HDevelop

图 2-7　HALCON 的应用

HDevelop 能直接连接采集卡和相机，从采集卡、相机或者文件中载入图像，检查图像数据，进而开发一个视觉检测方案，并能测试不同算子或者参数值的计算效果，保存后的视觉检测程序，可以导出以 C++、C♯、C、Visual Basic，或者 VB.NET 支持的程序，进行混合编程。

HDevelop 编程方式具有以下优点：①很好地支持所有 HALCON 算子；②方便检查可视数据；③方便选择、调试和编辑参数；④方便技术支持。

（2）标准的开发流程

HALCON 标准开发流程如图 2-8 所示。

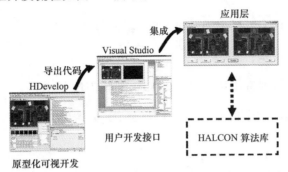

图 2-8 HALCON 标准开发流程

（3）交互式并行编程环境

HALCON 提供支持多 CPU 处理器的交互式并行编程环境 Paralell Develop，其继承了单处理器版本 HDevelop 的所有特点，在多处理器计算机上会自动将数据（如图像）分配给多个线程，每一个线程对应一个处理器，用户无须改动已有的 HALCON 程序，就可以立即获得显著的速度提升。

并行 HALCON 不仅是线程安全的，而且可以多次调用，因此，多个线程可在同一时刻同时调用 HALCON 操作。此特性使得机器视觉应用软件可以将一个任务分解，在不同的处理器上并行处理，并行 HALCON 可以使用户使用最新的超级线程技术。

2.2.3　HALCON 功能介绍

（1）主界面

整个界面分为标题栏、菜单栏、工具栏、状态栏和四个活动界面窗口，四个活动界面窗口分别是算子窗口、程序窗口、变量窗口和图形窗口，如图 2-8 所示。如果窗口排列不整齐，可以依次选择菜单栏＞窗口＞排列窗口，重新排列窗口。

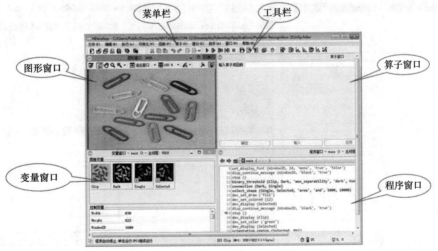

图 2-8 主界面

(2)菜单栏

菜单栏包含所有 HDevelop 的功能命令,单击打开后有下拉菜单,如图 2-9 所示。

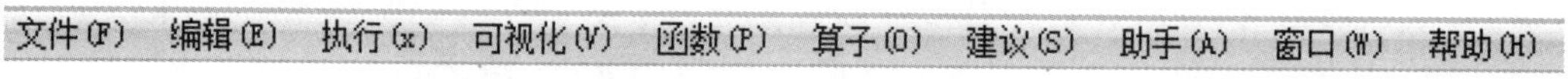

文件(F) 编辑(E) 执行(x) 可视化(V) 函数(P) 算子(O) 建议(S) 助手(A) 窗口(W) 帮助(H)

图 2-9　菜单栏

(3)工具栏

工具栏包含了一系列常用功能的快捷方式,如图 2-10 所示。

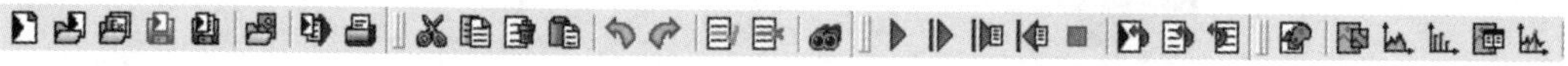

图 2-10　工具栏

(4)状态栏

状态栏能够显示程序的执行情况,如图 2-11 所示。

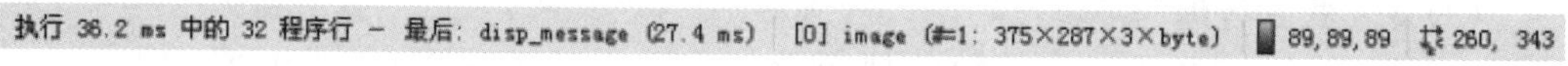

执行 36.2 ms 中的 32 程序行 - 最后: disp_message (27.4 ms) [0] image (#=1: 375×287×3×byte) 89,89,89 260, 343

图 2-11　状态栏

(5)打开一个例程

HALCON 提供了大量基于应用的示例程序,下面打开一个 HALCON 自带例程,简单了解一下 HALCON 程序的结构。依次单击菜单栏>文件>浏览例程,打开一个例程,如打开 ball. hdev,如图 2-12 和图 2-13 所示。单击工具栏中“运行”工具图标,运行程序,结果如图 2-14 所示。

HDevelop - 未定义
文件(F) 编辑(E) 执行(x) 可视化(V)
新程序(N) Ctrl+N
打开程序(O)... Ctrl+O
浏览例程(E)... Ctrl+E
当前程序(R)
插入程序(I)

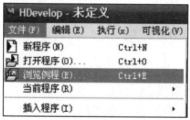

图 2-12　浏览例程

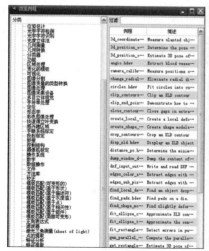

图 2-13　打开例程

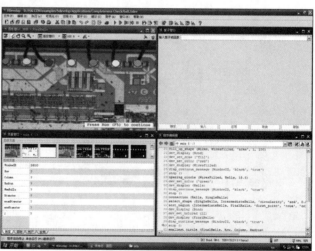

图 2-14　例程运行结果

(6)算子窗口

算子窗口显示的是算子的重要数据,包含了所有的参数、各个变量的形态和参数数值,如图 2-15 所示。这里会显示参数的默认值,以及可以选用的数值。每一个算子都有联机帮助。另一个常用的是算子名称的查询显示功能,在一个 combo box 里,只要输入部分字符串甚至开头的字母,即可显示所有符合名称的算子供选用,如图 2-16 所示。

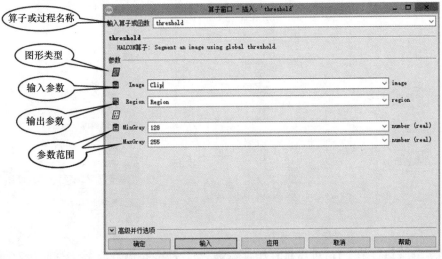

图 2-15　算子窗口

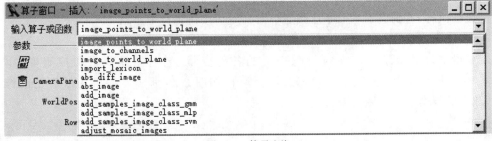

图 2-16　算子查询

(7)程序窗口

程序窗口用来显示一个 HDevelop 程序。它可以显示整个程序或是某个运算符。窗口左侧是一些控制程序执行的指示符号。HDevelop 刚启动时,可以看到一个绿色箭头的程序计数器(Program Counter,PC)和一个插入符号,还可以设一个中断点(Breaking Point),窗口右侧显示程序代码,如图 2-17 所示。在程序编辑窗口右击,在弹出的下拉菜单显示程序运行调试中的一些设置,如图 2-18 所示。

HDevelop 启动以后,就可以从程序窗口输入,逐步建立一个 HDevelop 程序。要在程序中新增一行,比如加一个算子,有以下两个步骤:

①将光标放在想要新增的地方,用键盘的"Shift"键加上鼠标的左键,在要加入的地方单击,然后从算子菜单中选择,或是由算子窗口来选用想要加入的数据。

②新的算子会出现在算子窗口中,包含它的参数等数据,此时单击"输入"按钮,就会将它加入程序代码,成为新增的一行;如果单击"确定"按钮,除了程序代码会新增以外,同

时也会执行程序。如果单击"应用"按钮，那么算子不会新增到程序中，但是程序仍会被执行，这样就可以既方便又有效地测试修改参数的结果。

图 2-17　程序窗口

图 2-18　程序调试设置

如果只要执行某一行，可以将程序计数器（PC）置于要执行的某一行前，再在此处单击，然后单击 HDevelop 工具栏的"单步跳过函数"选项，如果单击"运行"按钮，则程序代码都会被执行，直到遇到一个断点或是单击"停止"按钮将其中止。

（8）变量窗口

变量窗口显示了程序在执行时产生的各种变量，包括图像变量和控制变量，如图 2-19 所示。在变量上双击，即可显示变量值，如图 2-20 所示。如果变量值是图像变量，双击后就会显示在图形窗口里。

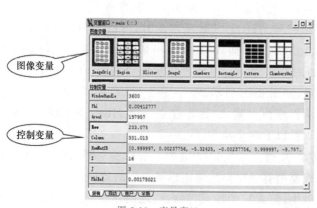

图 2-19　变量窗口

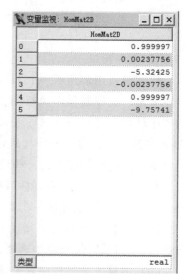

图 2-20　变量值

22

（9）图形窗口

图形窗口可用来显示图像化变量数据，如图 2-21 所示。

①图形窗口可视化

图形窗口可视化的方式可以依据需要来调整，相关功能位于"可视化"菜单下，如图 2-22 所示。HDevelop 可以开启数个图形窗口，并且用户可根据需要自行选用要用的窗口。

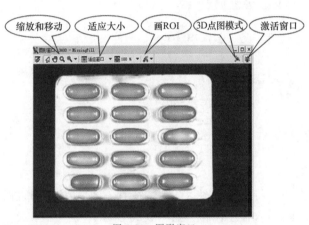

图 2-21　图形窗口　　　　　　　　　　图 2-22　可视化菜单

②图形窗口的 3D 模式

单击图形窗口右上角"3D 点图模式"按钮图标，可以将图形窗口变为 3D 模式，如图 2-23 所示。

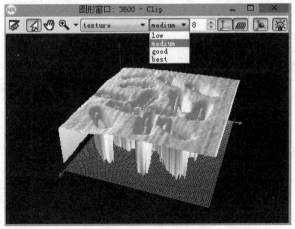

图 2-23　图形窗口的 3D 模式

③HDevelop 灰度直方图

依次单击菜单栏＞可视化菜单＞灰度直方图，打开"灰度直方图"功能窗口，进行设置，如图 2-24 所示。

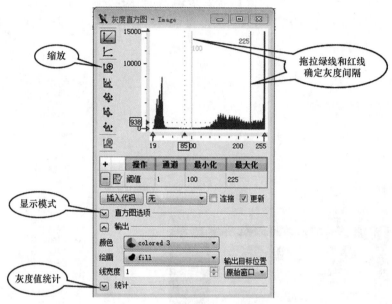

图 2-24 "灰度直方图"功能窗口

④HDevelop 特征直方图

依次单击菜单栏＞可视化菜单＞特征直方图，打开"特征直方图"功能窗口，进行设置和编辑，并可根据编辑的直观结果，插入程序代码。如图 2-25 所示。

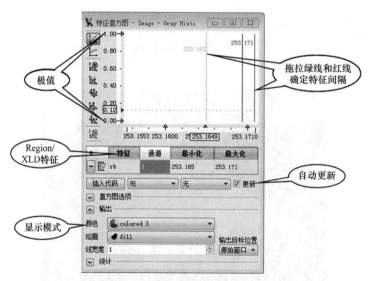

图 2-25 "特征直方图"功能窗口

(10)执行菜单

执行菜单用于程序调试时的设置及运行,如图 2-26 所示。

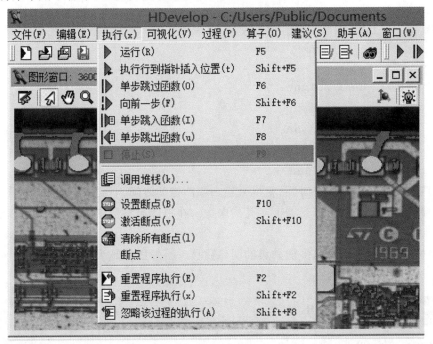

图 2-26　执行菜单

2.3　工业相机

工业相机主要由光电传感器件和转换电路组成。相机是采集图像的工具,视觉项目的第一步便是图像输入,图像输入离不开相机。相机是一种能够将图片转换成数字、模拟信号的工具。工业机器人视觉系统的组成如图 2-27 所示。

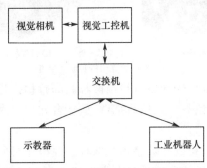

图 2-27　工业机器人视觉系统的组成

对于工业相机而言,相机的像元尺寸是个重要概念,像元尺寸就是每个像素的实际物理尺寸,平时说的分辨率,就是相机光电传感器的像素数。例如,720×576 表示 CMOS 或者 CCD 上的图像宽度为 720 个像素,高度为 576 个像素。

在选择相机时,首先考虑的便是分辨率,一般有 30 万像素、500 万像素等,分辨率越高图像越清晰。其次便是感光器的尺寸,经常看到 1/4、1/3、1/2、2/3 等数字,这些数字表示成像靶面的对角线尺寸,单位是英寸,也就是 CCD 或者 CMOS 的对角线尺寸。

2.3.1　工业相机的主要参数

(1)感光器的尺寸:

1/4 inch,3.2 mm×2.4 mm

1/3 inch,4.8 mm×3.6 mm

1/2 inch,6.4 mm×4.8 mm

2/3 inch,8.8 mm×6.6 mm

1 inch,12.8 mm×9.6 mm

(2)曝光时间:也是快门时间,相机采集一幅图像的时间。一般能达到几万分之一秒。

(3)光圈:调整照射到感光器上光亮的多少。在摄像机参数中调整光圈就是调整光亮时间。

(4)帧率:每秒摄像机最多能采集的图像数目。一般图像越大帧率越小。

(5)分辨率:图像的大小。

2.3.2　相机的种类

(1)芯片类型:分为 CCD(电荷耦合装置)和 CMOS(互补金属氧化物半导体)两种。

(2)传感器的结构特点:分为线阵相机和面阵相机两种。线阵相机是将多个感光器排成一条线,形成线阵列。面阵相机是将感光器排列成一个面阵列。如图 2-28 所示。

(a)线阵相机　　　　　　　　　　　　　(b)面阵相机

图 2-28　线阵相机和面阵相机

(3)扫描方式:分为隔行扫描和逐行扫描两种。隔行扫描是指相机先获取图像的奇数行,0.01~0.02 s 后再获取偶数行。然后把奇、偶行合并成一副图像。逐行扫描是指每行依次扫描获取图像。

(4)输出方式:分为模拟相机和数字相机两种。模拟相机所输出的信号形式为标准的模拟量视频信号,需要配专用的图像采集卡将模拟信号转化为计算机可以处理的数字信号,以便后期计算机对视频信号进行处理与应用。其主要优点是通用性好,成本低;缺点是分辨率较低,采集速度慢,且在图像传输过程中容易受到噪声干扰。数字相机的视频输出信号为数字信号,相机内部集成了 A/D 转换电路,直接将模拟量的图像信号转化为数字信号。其具有图像传输抗干扰能力强、视频信号格式多样、分辨率高、视频输出接口丰富等特点。

(5)输出色彩:分为黑白相机和彩色相机两种。

(6)输出信号的速度:分为普通速度相机和高速相机两种。

2.3.3　相机的接口

(1)GIGE 千兆网接口

①千兆网协议稳定。

②千兆网接口的工业相机,是近几年市场应用的重点。使用方便,连接到千兆网卡上,即能正常工作。

③需要注意一些特殊的细节,如早期的 NI 软件,可能对千兆网卡的芯片有特殊要求,需要使用 INTEL 的芯片才可以正常驱动 GIGE 相机,而使用别的芯片网卡(如Realtek),就无法响应。随着技术的不断革新发展,维视图像(Microvision)的 MV-EM/E系列千兆网工业相机无论是什么芯片网卡,都能稳定地正常使用,不会有任何问题。

④在千兆网卡的属性中,也有与 1394 接口中的 Packet Size 类似的巨帧。设置好此参数,可以达到更理想的效果。

⑤传输距离远,可传输距离为 100 m。

⑥可多台同时使用,CPU 占用率小。

(2)USB 2.0 接口

①USB 2.0 接口的工业相机是最早应用的数字接口之一,其开发周期短,成本低廉,是目前最为普通的类型。维视图像(Microvision)于 2003 年推出的 MV-1300 系列是国内最早研发的 USB 接口工业相机,已面向市场发行十几年,反响良好。

②所有计算机都配置有 USB 2.0 接口,方便连接,不需要采集卡。其缺点是传输速率较慢,理论速度只有 480 Mbit(60 MB)。

③传输速率低,BOT(Bulk-OnlyTransport)协议与编码方式,传输数率只有 30 MB/s左右。

④在传输过程中 CPU 参与管理,占用及消耗资源较大。

⑤USB 2.0 接口不稳定,相机通常没有紧固螺钉,因此在经常运动的设备上,可能会有松动的危险。

⑥传输距离近,信号容易衰减。

(3)USB 3.0 接口

①USB 3.0 接口的设计在 USB 2.0 接口的基础上新增了两组数据总线,为了保证向下兼容,USB 3.0 接口保留了 USB 2.0 接口的一组传输总线。

②在传输协议方面,USB 3.0 接口除了支持传统的 BOT 协议,还新增了 USBAttached SCSI Protocol(USAP),可以完全发挥出 5 Gbit/s 的高速带宽优势。

③由于总线标准是近几年才发布,因此协议的稳定性同样让人担心。

④传输距离问题,依然没有得到解决。

⑤目前虽然市面上还没有太多的 USB 3.0 接口相机出现,不过现在国内外的工业相

机厂商都在积极推进,而且有些厂商已经有相关的样机出现,维视图像(Microvision)已经研发并推出 MV-VDM 系列 USB 3.0 接口工业相机。

（4）Camera Link 接口

①需要单独的 Camera Link 接口,不便携,成本过高。

②Camera Link 接口的相机,在实际应用中比较少。

③传输速度是目前的工业相机中较快的一种总线类型。一般用于高分辨率、高速面阵相机,或者是线阵相机上。

④传输距离近。

表 2-3 　　　　　　　　　　　　相机的接口

选接口类型	GigE(千兆网)	USB 2.0	USB 3.0	1394A	1394B	Camera Link
理论速度	1 000 Mbit/s	480 Mbit/s	5 Gbit/s	400 Mbit/s	800 Mbit/s	5.4 Gbit/s
实际速度	114.4 Mbit/s	30 Mbit/s	900 Mbit/s	28.8 Mbit/s	62.4 Mbit/s	737 Mbit/s
传输距离	100 m	5 m	3 m	10 m	100 m	10 m

2.3.4　相机的选型

选择相机之前,要先明确系统对相机的需求、拍摄对象是什么,有了明确的需求之后,选型才有方向。相机的选型主要有两点:一是类型;二是参数。

（1）黑白/彩色

同样分辨率的相机,黑白的精度比彩色高,尤其是在看图像边缘的时候,黑白的效果更好。特别是做图像处理时,黑白工业相机得到的是灰度信息,可直接进行处理。要想得到与现实吻合度高的色彩,需要进行后期处理,比如监控相机。

（2）面阵相机/线阵相机

对于要求检测精度较高,运动速度较快,面阵相机的分辨率和帧率达不到的情况下,线阵相机是必然的选择。

（3）分辨率计算

可以根据目标的要求精度及视野范围,反推出相机的像素精度。相机单方向分辨率＝单方向视野范围÷理论精度。

例如对于视野大小为 10 mm×10 mm 的场合,要求精度为 0.02 mm/pixel,则单方向分辨率＝10/0.02＝500。然而考虑相机边缘视野的畸变、系统的稳定性要求,一般不会只用一个像素单位对应一个测量精度值,通常选择倍数为 2 或者更高的,这样相机单方向的分辨率为 1 000,相机的分辨率＝1 000×1 000＝100 万,因此选用 100 万像素的相机即可满足。同时还需要考虑算力,如果分辨率太大,帧率太高,那么 CPU 可能难以支撑。

（4）像素深度

像素深度是指每位像素数据的位数,常见的有 8 bit,10 bit,12 bit。分辨率和像素深度共同决定了图像的大小。例如对于像素深度为 8 bit 的 500 万像素,则整张图片应该有 500 万×8/1 024/1 024＝38 M(1 024 Byte＝1 KB,1 024 KB＝1 M)。增加像素深度可以增强测量的精度,但同时也降低了系统的速度,并且提高了系统集成的难度(线缆增加,尺寸变大等)。

(5)高速运动抓拍要求

经常会有项目需要抓拍高速运动物体,而普通工业相机拍摄的图像会出现拉毛、模糊、变形等影响图像质量的问题,在拍摄图像时,图像模糊现象的出现取决于曝光时间的长短与物体的运动速度。如果曝光时间过长,物体运动速度过快则会出现图像模糊。

拍摄物体为运动物体应选择全局快门(Global Shutter)的工业相机,且需要选择帧率大于运动速度的工业相机。

①曝光时间

要满足物体运动速度 V_p×曝光时间 T_s<允许最长拖影 S。当拍摄运动速度比较快的物体时,为了防止出现长的拖影就需要极短的曝光时间,这时可选用感光比较好的工业相机。

②帧率指标

帧率即相机每秒钟可以捕捉的图像数量,一般决定于图像大小、曝光时间等,是相机的一个重要指标。相机帧率必须保证能够拍摄到系统要求时间间隔最短的两张图片,处理图像的时间一定要快,一定要在相机的曝光和传输的时间内完成,否则就有可能造成丢帧等现象,进而漏检某些产品。

【例题】　某检测任务是尺寸测量,产品大小是 10 mm×5 mm,精度要求是 0.01 mm,流水线作业,速度为 0.5 m/s,检测速度是 10 件/秒,现场环境是普通工业环境,不考虑干扰问题。试计算出所需相机的分辨率、曝光时间、帧率。

【解】:(1)首先流水线作业的速度比较快,因此要选用逐行扫描相机。

(2)考虑每次机械定位的误差,将视野比物体适当放大,按照 1.2 倍计算,视野大小我们可以设定为 12 mm×6 mm。

(3)假如我们能够取到很好的图像(比如可以打背光),那么我们需要的相机分辨率就是 10/0.01=1 000 pixel(像素),另一方向是 6/0.01=600 像素,也就是说我们相机的分辨率至少需要 1 000×600 像素,因此选择 1 024×768 像素。

(4)如果软件性能和机械精度不能精确的情况下也可以考虑 1 280×1 024 像素。

(5)帧率在 10 帧/秒以上的即可。选择 15 帧/秒。

(6)以在曝光时间内,物体运动小于一个像素为准,选择 2/3 inch 的感光器,则曝光时间为 8.8/1 024/(0.5×1 000)=1/58 181 秒,取 1/10 万秒。

2.4　镜头

镜头是与相机配套使用的一种成像设备。选择相机之后,就可以考虑合适的镜头了。为了使相机与镜头相匹配,因此要了解镜头的参数。

2.4.1　接口

接口是镜头与相机的机械连接方式。镜头的接口应与相机的物理接口相匹配。例如相机是 F 接口,镜头也应该选择 F 接口。

2.4.2　最大靶面尺寸

最大靶面尺寸也称芯片尺寸。镜头使用的芯片尺寸应与相机的传感器靶面尺寸相匹配,简单来说,就是镜头投射的图像面积应不小于相机的芯片尺寸,这样通过镜头捕捉到的图像就能够刚好覆盖相机传感器的区域。镜头的供应厂商一般会提供与其匹配的芯片尺寸。

2.4.3　物距与焦距

物距是目标对象与相机的距离。焦距表示相机到焦点的距离,镜头的焦距分为固定的和可变的两种。如果物距很大,可以选择焦距比较长的镜头,这样更清晰,但是视场范围会变小。因此,可以根据物距和视场范围来确定焦距。当视觉项目中的设备需要固定时,应尽可能选择定焦镜头,成像会比较稳定。

焦距(f):镜头到焦点之间的距离,常见的工业镜头焦距有 5 mm、8 mm、12 mm、25 mm、35 mm、50 mm、75 mm 等,其计算公式为

$$f = \frac{\text{CCD 宽} \cdot \text{WD}}{\text{物宽}} = \frac{\text{CCD 高} \cdot \text{WD}}{\text{物高}}$$

2.4.4　光圈

光圈的值关系光线进入相机的量。光圈越大,进入相机的光线越多。对于光线暗的场合,可选用大一点的光圈。其中光圈系数(相对孔径)为

$$\text{相对孔径} = \frac{\text{光圈直径}(D)}{\text{焦距}(f)}$$

计算出的数值的倒数就是光圈系数,常用的光圈系数为 1.4、2、2.8、4、5.6、8、11、16、22 等。

2.4.5　分辨率与成像质量

镜头的分辨率越高,成像越清楚。分辨率的选择,关键看对图像细节的要求。同时,镜头的分辨率应当不小于相机的分辨率。

2.4.6　镜头倍率与视场范围

镜头倍率即放大倍数,这个值与被测物体的工作距离有关,要根据放大需求决定。选择镜头可以参考以下步骤:

(1)确定相机连接镜头的接口类型,如 C 接口或 F 接口等,这决定了镜头的接口。

(2)确定镜头的最大靶面尺寸与相机相匹配。

(3)确定焦距。首先测量工作距离和目标物体的大小,得到图像的宽和高;然后确定

相机的安装位置，从相机的拍摄角度推测视角；最后根据二者的几何关系计算相机的焦距。如图 2-29 所示。

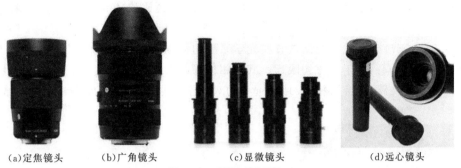

(a)定焦镜头　　　(b)广角镜头　　　　(c)显微镜头　　　　(d)远心镜头

图 2-29　不同类型的镜头

视场(FOV)是指镜头实际拍摄到的区域的范围，如图 2-30 所示。其计算公式为

$$FOV=\frac{WD \cdot CCD 尺寸}{f}$$

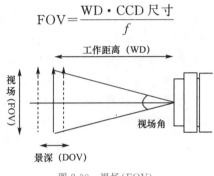

图 2-30　视场(FOV)

2.4.7　镜头的分类

按镜头接口分类：C 接口、CS 接口、F 接口等。

按焦距类型分类：定焦镜头和可变焦距镜头。

按焦距、视场角大小分类：标准镜头长、焦距镜头、广角镜头、鱼眼镜头、微距镜头。

按光圈分类：固定光圈式、手动光圈式、自动光圈式等。

按镜头伸缩调整方式分类：电动伸缩镜头、手动伸缩镜头等。

2.4.8　远心镜头

远心镜头(Telecentric)主要是为纠正传统工业镜头的视差而设计的。它可以在一定的物距范围内，使得到的图像放大倍率不会变化。如图 2-31 所示。

图 2-31　远心镜头

远心镜头根据原理可分为以下几种:

物方远心光路:将孔径光阑放置在光学系统的像方焦平面上,物方主光线平行于光轴主光线的会聚中心,位于物方无限远。其作用为可以消除物方调焦不准确带来的读数误差。

像方远心光路:将孔径光阑放置在光学系统的物方焦平面上,像方主光线平行于光轴主光线的会聚中心,位于像方无限远。其作用为可以消除像方调焦不准引入的测量误差。

两侧远心光路:综合了物方/像方远心的双重作用,主要用于视觉测量检测领域。

2.5 光源

光源所需要考虑的是打光的方式、光源的亮度和光源的色度这三个方面。其中最重要的便是打光的方式。

打光的方式可以采用背光打法、顶光打法、带一定角度的斜光打法。打光时应尽量使图像光照均匀,目标和背景有比较好的对比度。当做缺损检测时,一般用背景光打光会比较好,这个时候背景会偏亮,物体会偏暗。采用 Blob 分析算法就可以很好检测物品缺陷,当物体出现反光的时候可以采用偏振光,也就是加偏振片。同时也可以采用不同颜色的光,例如,红色的物体可以反射红色光并吸收别的颜色的光,所以当用同种颜色的光打在对应物体上,则跟这个光源颜色相同的物体的反射能力最强,就会呈现这种颜色,亮度也是最大的。

2.5.1 环光源

环光源选型要领:

①了解光源的安装距离,过滤掉某些角度光源。(例如要求光源的安装尺寸高,就可以过滤掉大角度光源,选择用小角度光源,同样,安装高度越高,要求光源的直径越大)

②目标面积小,且主要特性集中在表面中间时,可选择小尺寸 0°或小角度光源。

③目标需要表现的特征如果在边缘,可选择 90°环光源,或大尺寸高角度环光源。

④检测表面划伤,可选择 90°环光源,尽量选择波长短的光源。如图 2-32(a)所示。

2.5.2 条光源

(1)条光源选型要领

①条光照射宽度最好大于检测的距离,否则可能会使照射距离过远而造成亮度差,或者是照射距离过近而辐射面积不够。

②条光长度能够照明所需要打亮的位置即可,无须太长,否则会造成安装不便,同时也增加成本。一般情况下,光源的安装高度会影响所选用条光的长度,高度越高,光源长度要求越长,否则图像两侧亮度会比中间暗。

③如果照明目标是高反光物体,最好加上漫射板。如果照明目标是黑色等暗色不反光产品,也可以拆掉漫射板以提高亮度。

(2)条形组合光选型要领

①条形组合光在选择时,不一定要按照资料上的型号来选型,因为被测的目标形状、大小各不一样,所以可以按照目标尺寸来选择不同的条形光源进行组合。

②组合光在选择时,一定要考虑光源的安装高度,再根据四边被测特征点的长度、宽度选择相对应的条形光进行组合。如图 2-32(b)所示。

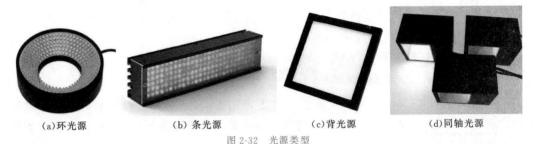

(a)环光源　　　　　(b)条光源　　　　　(c)背光源　　　　　(d)同轴光源

图 2-32　光源类型

2.5.3　背光源/平行背光源

背光源/平行背光源选型要领:

①选择背光源时,应根据物体的大小选择合适大小的背光源,以免增加成本造成浪费。

②背光源四周由于外壳遮挡,导致其亮度会低于中间部位,因此,选择背光源时,应尽量使目标不位于背光源边缘。

③在检测轮廓时,可以尽量使用波长短的光源,波长短的光源其衍射性弱,图像边缘不容易产生重影,对比度更高。

④背光源与目标之间的距离可以通过调整来达到最佳的效果,并非离得越近效果越好,也并非离得越远效果越好。

⑤检测液位时可以将背光源侧立使用。

⑥圆轴类的产品,螺旋状的产品应尽量使用平行背光源。如图 2-32(c)所示。

2.5.4　同轴光源

同轴光源选型要领:

①选择同轴光时主要看其发光面积,根据目标的大小来选择合适发光面积的同轴光。

②同轴光的发光面积最好比目标尺寸大 1.5～2.0 倍。同轴光的光路设计是使光路通过一片 45°半反、半透镜改变,光源靠近灯板的位置会比远离灯板的位置亮度高,因此,应尽量选择大一点的发光面以避免光线不均匀。

③同轴光在安装时应尽量不要离目标太远,越远则要求选用的同轴光越大,这样才能保证均匀性。如图 2-32(d)所示。

2.5.5　平行同轴光源

平行同轴光源选型要领：

①平行同轴光源的光路设计独特，主要适用于检测各种划痕。

②平行同轴光源与同轴光源表现的特点不一样，不可替代同轴光源使用。

③平行同轴光源检测划伤之类的产品的，尽量不要选择波长较长的光源。

2.6　图像采集卡

图像采集卡(Image Capture Card)又称图像捕捉卡，是一种可以获取数字化图像信息，以数据文件的形式保存在硬盘上，它通常是一张插在计算机上的卡。图像采集卡的作用是将摄像头与计算机连接起来，从摄像头中获得数据（模拟信号或数字信号），然后转换成计算机能处理的信息。如图 2-33 所示。

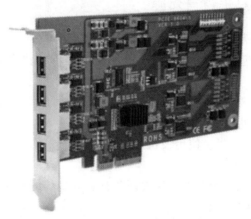

图 2-33　图像采集卡

整个机器视觉系统可分为图像采集与图像处理两大板块。图像采集卡就是连接这两大板块的重要组件，图像采集卡在机器视觉系统中扮演着重要的角色。

2.7　案例应用：一种机器人视觉分拣装置

随着我国自动化发展程度地不断提高，采用机器人替代传统的人力进行分拣已经成为一种发展趋势。现有的一些生产机器人由于硬件装置结构多样性，在机器人夹取物料后，通过机器臂转动对物料进行分料的过程中，物料会受到离心力的作用，机械臂无法很好地对物料进行夹取，导致物料掉落，进而对物料造成损坏。为解决上述问题，本案例提供一种具有较好夹取效果的机器人视觉分拣装置，该案例已授权实用新型专利。硬件系统如图 2-34 至图 2-38 所示。

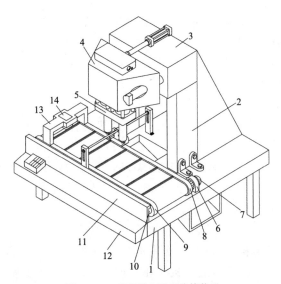

图 2-34　一种机器人视觉分拣装置

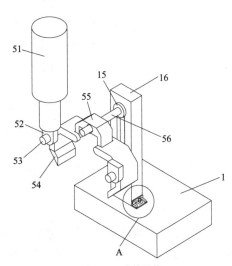

图 2-35　分拣机构

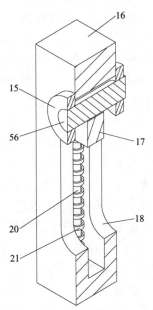

图 2-36　第二支撑杆结构

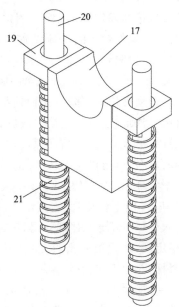

图 2-37　托块的结构

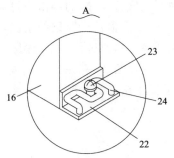

图 2-38　A 处的结构放大示意图

图 2-34 为本案例提供的机器人视觉分拣装置的一种较佳实施案例的结构示意图。

图 2-35 为图 2-34 所示分拣机构的结构示意图。

图 2-36 为图 2-35 所示第二支撑杆的结构剖视图。

图 2-37 为图 2-36 所示托块的结构示意图。

图 2-38 为图 2-35 中 A 处的结构放大示意图。

图中标号:1.操作台;2.第一支撑架;3.集成块;4.第一滑块;5.分拣机构;6.第一固定架;7.电动机;8.第一连接板;9.第二连接板;10.第一固定杆;11.挡板;12.控制台;13.第二固定架;14.红外线探测器;15.限位环;16.第二支撑架;17.托块;18.滑槽;19.第二滑块;20.第一限位杆;21.弹簧;22.固定桩;23.固定螺栓;24.弹条;51.第一气缸;52.第一固定块;53.传动杆;54.夹块;55.连接块;56.第一滑杆。

其工作原理如下:

首先启动电动机 7 带动传送带移动传输物料,通过在传送带的外侧设置第一连接板 8 和第二连接板 9,便于提高传送带的稳定性,避免当电动机 7 工作时,电动机 7 产生振动,使得传送带上的物料发生偏移,不利于夹块 54 夹取,通过在第一连接板 8 和第二连接板 9 的顶部设置第二固定架 13,第二固定架 13 的内部设置有红外线探测器 14,便于检测是否有物料经过,操作台 1 的一侧设置有控制台 12,控制台 12 的顶部设置有单片机,当红外线探测器 14 检测到信号时,向单片机传输信号,单片机控制电动机 7 启、停,并通过启动第一气缸 51,第一气缸 51 带动第一固定块 52 移动,第一固定块 52 带动传动杆 53 移动,传动杆 53 带动夹块 54 移动,进而使得两侧的夹块 54 贴合,并夹住物料,集成块 3 的顶部设置有第二气缸,通过启动第二气缸,第二气缸带动第一滑块 4 前、后移动,然后通过关闭第一气缸 51 带动活塞杆缩回原位,进而使得夹块 54 与物料分离,使得物料掉落到操作台 1 顶部的落料口,通过在夹块 54 的一侧设置连接块 55,便于固定夹块 54,当第二气缸带动第一滑块 4 移动的过程中,连接块 55 沿着第一滑杆 56 的外侧移动,当第一气缸 51 带动连接块 55 向下移动时,连接块 55 带动第一滑杆 56 向下移动,通过在第一滑杆 56 的外侧设置限位环 15,便于对第一滑杆 56 与第二支撑架 16 进行固定限位,并提高第一滑杆 56 的稳定性,防止第一滑杆 56 发生晃动的情况,第一滑杆 56 的底部设置有托块 17,当第一滑杆 56 向下移动时,第一滑杆 56 挤压托块 17 沿着开设于第二支撑架 16 内部的滑槽 18 移动,托块 17 带动第二滑块 19 移动,第二滑块 19 的内部滑动连接有第一限位杆 20,第一限位杆 20 的外侧套设了弹簧 21,通过设置弹簧 21,弹簧 21 能够减缓一部分第一气缸 51 的冲击力,避免启动第一气缸 51 时的冲击力过大,使得第一气缸 51 对第一滑杆 56 的用力过大,使得第一滑杆 56 受损甚至断裂的情况,通过在第二支撑架 16 的两侧设置固定桩 22、固定螺栓 23 和弹条 24,通过拧紧固定螺栓 23 提高第二支撑架 16 的稳定性,通过在固定螺栓 23 的底部设置弹条 24,进一步提高固定螺栓 23 的稳定性,防止固定螺栓 23 长期处在振动的情况下发生松动的情况。

习题二

1.常用的视觉软件有哪些,各自优势是什么?

2.HDevelop 应用开发有哪些流程,并说明其开发环境有哪些功能。

3.机器人机器视觉系统由哪些结构组成,简述相机、镜头和光源各自的分类和参数指标。

第3章
图像采集

微课3

图像采集是机器视觉的输入项,也是图像处理的基础。图像采集的速度和质量会直接影响后续图像处理的效率。本章主要介绍基于 HALCON 软件的图像采集方法,包括HALCON 图像的基本结构、在线采集图像、离线获取非实时图像、图像采集及其处理的实例。本章的重点内容包括离线获取非实时图像和在线采集图像两个部分,在这两个部分中,离线获取非实时图像包括读取图像文件和读取一组图像两个部分;在线采集图像包括连接图像采集接口、抓取图像和关闭图像采集接口三个部分。

3.1 HALCON 图像的基本结构

在 HALCON 图像中有一些常用的基本数据结构,下面来分别简单介绍一下。

1. Image

Image 是 HALCON 的图像类型,由矩阵数据组成,矩阵中的每一个值均表示一个像素,同时在 Image 中还包含有单通道或者多通道的颜色信息。

(1)定义域:每张图像都有其定义域(Domain),代表图像中要处理的像素范围,类似于 ROI。

(2)像素值:像素值可以为整型和浮点型。

(3)通道:单通道的是灰度图像;三通道的是彩色图像。

(4)坐标系统:以左上角为坐标原点(0,0)。坐标值的范围从(0,0)到(height-1,width-1)。每一个像素点的中心坐标为(0,0),因此第一个像素点的范围是从(-0.5,-0.5)到(0.5,0.5)。

2. Region

以行、列坐标形式储存,有广泛的应用,特点是高效,可利用同态算子。例如用阈值对图像分割的结果,在其他系统中称为 BOLB、AREA 等。Region 属于图像数据。Region是一堆像元的集合,但是它们的坐标范围不受影像大小的限制。Region 中的像元不一定要相连,也就是说任意形状的像元集合都可成为一个 Region,如果要让相连接的像元成为一个 Region,只要利用运算子 Connection 即可。Region 内的像元坐标范围不受限于某张影像,Region 可大于影像范围,例如进行 Region 扩张运算时就有可能会超过影像范围。至于要不要将尺寸限制在影像大小范围内,可通过运算子 set_system 配合参数 clip region 来设定。Region 是由 Run Length Encoding 数据组成的,内存使用量极低,却有很好的传输速度和效率。由于 Region 不是以一般软件的 Label Images 来控制,因此可以互相重迭,一般的软件无法做到这一点,例如扩张运算的结果。至于程序中允许的 Region 数目,并无特殊限制。

3. XLD

XLD 是 Extended Line Description 的缩写,包含了所有等值线和多边型的数据。图像均用像素点保存,而像素点是整型的、不连续的。HALCON 对其做了拓展,定义了亚像素(Subpixel)描述几何轮廓的对象——XLD。XLD 主要用在亚像素测量的背景下,提取边缘、构建轮廓等;XLD 在模板匹配、图形校准等方面都有重要的用途。像 edges_sub_pix 之类的次像元精度运算子产生的数据即属于 XLD。一条 2D 等值线是一连串坐标点的串行,相邻两点间以直线相连。一般来说,数据点之间的距离大约是 1 像素。XLD 对象中除了点坐标数据,还包含了全域或区域属性,例如 edge 方向,或是分割时的 Regression 参数等。除了取出 XLD 数据,还能做进一步的应用,例如选择具有特定特征的曲线,或是把曲线分割成直线段、圆弧、多边形、平行线等。

4. Tuple

Tuple 就像一个数组,其中的数据型态可为整数、浮点数或字符串。一个 Tuple 型态的变量可为上述三种数据型态之一,也可以是三种数据型态的混合。当我们计算一个 Region 的某些特征时,会传回一个结果,如果计算的是一群 Region,会传回一个 Tuple,这个 Tuple 含有每个 Region 的特征计算结果。

5. Handle

Handle 用于管理一组复合的数据,例如 shape-basedmatching 中的 models。为了程序设计的方便性以及数据安全与效率,这类数据只透过一个 Handle 让使用者操控。每个 Handle 都有唯一的整数数值,由系统底层自行产生,例如图形窗口、档案、Sockets、取像设备、OCR、OCV、measuring、matching 等。

3.2 图像在线采集

3.2.1 HALCON 的图像在线采集步骤

在 HALCON 中图像在线采集步骤主要分为以下三步:
(1)开启图像采集接口:连接相机并返回一个图像采集句柄。
(2)读取图像:设置采集参数并读取图像。
(3)关闭图像采集接口:在图像采集结束后断开与图像采集设备的连接,释放资源。

HALCON 图像在线采集步骤如图 3-1 所示。

图 3-1　HALCON 的图像采集步骤

3.2.2　HALCON 实时采集图像

单击菜单栏中的"助手"→"打开新的 Image Acquisition"选项,如图 3-2 所示。在图像采集助手窗口中的"资源"选项卡中,选择"图像获取接口",单击"自动检测接口"选项,如图 3-3 所示。然后单击"连接"选项卡,设置如图 3-4 所示,单击"采集"按钮,就获得一张实时的采集图像,如图 3-5 所示。

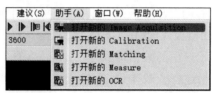

图 3-2　HALCON"助手"下拉菜单

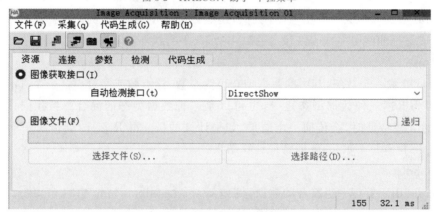

图 3-3　HALCON 图像采集助手窗口 1

图 3-4　开启 HALCON 实时采集图像

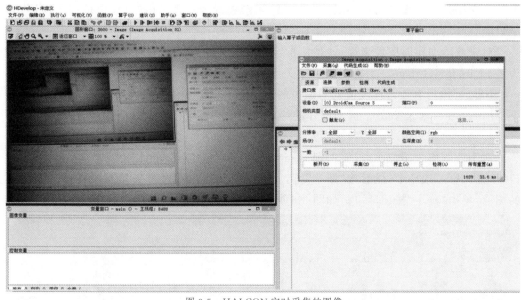

图 3-5　HALCON 实时采集的图像

参考程序：

```
* 开启图像采集接口
open_framegrabber ('DirectShow', 1, 1, 0, 0, 0, 0, 'default', 8, 'rgb', −1, 'false', 'default',
'[0] USB2.0 VGA UVC WebCam', 0, −1, AcqHandle)
* 循环采集
while (true)
    * 用同步采集的方式获取图像
    grab_image (Image, AcqHandle)
endwhile
* 关闭图像采集接口
close_framegrabber (AcqHandle)
* 使用 close_framegrabber 算子断开接口与图像采集设备的连接
```

3.3　离线获取非实时图像

在机器视觉项目中，由于开发人员不一定能一直在现场进行调试，因此会提前拍一些现场的照片或者视频作为素材。开发人员通过编写算法对这些照片或者视频进行测试。测试通过后，再连线相机进行图像的实时采集，通过这种方式可以提高开发效率。

3.3.1　读取图像文件

HALCON 算子的基本结构为算子(图像输入、图像输出、控制输入、控制输出)。

HALCON 算子中的四种参数被三个冒号依次隔开，分别为图像输入参数、图像输出参数、控制输入参数、控制输出参数。一个算子中这四种参数可能不会同时都存在，但是参数的次序是不会变的。HALCON 中的输入参数不会被算子更改,只会被算子使用,算子只能更改输出参数。

对于获取非实时图像来说,就是从指定路径去读取图片或序列,所需用到的关键算子为 read_image (Image,FileName)。相关参数含义如下:

Image(输出参数):存放读入的图像的量。

FileName(输入参数): 读入图片的绝对路径。

1. 读取单张图像

对于读取单张图像而言,需用到 read_image 算子。打开 HALCON 软件,在"算子窗口"中输入算子或函数,然后按"回车"键,就可在"FileName"文件夹里面找到自己所需的图像,单击"确定"按钮即可。如图 3-6 所示。

图 3-6　HALCON算子窗口

2. 读取一组图像

需要对图像文件的保存名称有一定的规则要求,一般按以下格式设定:

'name_number. imageform'

首先按格式修改图像的名称,下划线后面追加图像数字序列,这种方式有利于图像的循环读取,看看下面的语句:

```
for j: =1 to 9 by 1
    read_image(Image,'fonts/arial_a'+J+'. png')//读取图像
    dev_display(Image)//显示图像
    stop()//暂停
endfor
```

在 HALCON 中还可以通过图像采集助手来读取图像文件。选择菜单栏中的"助手"→"打开新的 Image Acquisition"选项,将出现 HALCON 图像采集助手窗口,如图 3-7 所示。

对于读取单张图像而言,在图像采集助手窗口中的"资源"选项卡中,选择"图像文件"单选按钮,单击"选择文件"按钮,选择相应的图像路径即可。

对于读取整个文件夹而言,在图像采集助手窗口中选择"图像文件"单选按钮,单击"选择路径"按钮,选择想要导入图像的路径即可。

若想要查看上述步骤的代码,则只需要单击"代码生成"选项卡,在弹出的下拉菜单中单击"插入代码"选项,即可生成相应的代码,如图 3-8 所示。

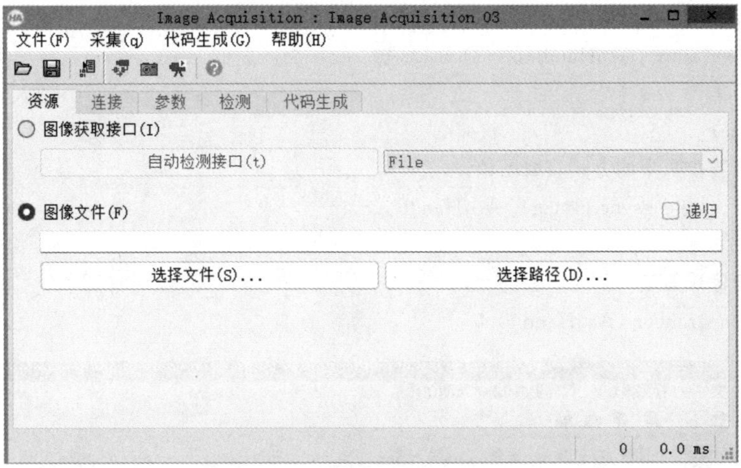

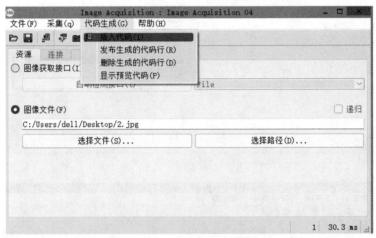

图 3-7　HALCON 图像采集助手窗口 2

图 3-8　"代码生成"选项卡下拉菜单

在完成上述步骤后，单击"运行"按钮，即可查看读取图像效果，完成非实时图像采集。

3.3.2　读取视频文件

读取视频文件的方式与读取图像文件类似，这里还是以 HALCON 图像采集助手举例。选择菜单栏中的"助手"→"打开新的 Image Acquisition"选项，在图像采集助手窗口中的"资源"选项卡中，选择"图像获取接口"单选按钮，并在之后的下拉列表中选择"DirectFile"选项，这个就是 HALCON 读取视频文件的接口，如图 3-9 所示。

在完成上述步骤后，选择"连接"选项卡，在其中设置读取视频的参数，在"媒体文件"中选择视频文件所在的路径，即可完成视频的输入，如图 3-10 所示。

实现读取视频文件的参考代码如下：

```
* 开启图像采集接口
open_framegrabber ('File', 1, 1, 0, 0, 0, 0, 'default', −1, 'default', −1, 'default', 'default', 'default', −1, −1, AcqHandle)
```

```
* 开始图像采集
grab_image_start (AcqHandle，-1)
* 循环采集
while(true)
    * 用异步采集的方式获取图像
    grab_image_async (Image，AcqHandle，-1)
endwhile
* 关闭图像采集接口
close_framegrabber (AcqHandle)
```

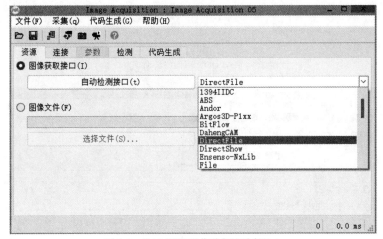

图 3-9　HALCON 图像采集助手窗口 3

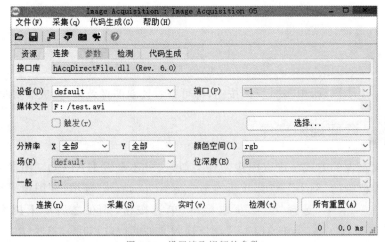

图 3-10　设置读取视频的参数

在 HALCON 中所支持的视频格式只有".avi"，并且根据视频的解码方式不同，也会出现视频读取失败的情况。因此，建议采用图像或图像序列的方式来代替非实时视频输入。

3.4　案例应用:在线采集图像并进行简单的处理

本实例是利用 DroidCam 软件实时拍摄瓜子图像,然后对采集到的瓜子图像进行简单的阈值分割处理,将有瓜子的区域标记出来并对其进行计数,最后将结果显示在图像窗口中。

具体的实现步骤如下。

1. 在 HALCON 中创建一个图像窗口,并连接手机摄像头。

首先使用 dev_clear_window 清理显示区域,并用 dev_open_window 创建一个显示图像的窗口,然后连接采集设备。

具体程序如下:

```
* 关闭当前窗口,清空屏幕
dev_clear_window ()
* 生成新的显示窗口
dev_open_window (0, 0, 840, 540, 'black', WindowHandle)
* 打开图像采集接口
open_framegrabber ('DirectShow', 1, 1, 0, 0, 0, 0, 'default', 8, 'rgb', −1, 'false', 'default',
'[0] DroidCam Source 3', 0, −1, AcqHandle)
```

执行完上述程序后,会在 HALCON 中创建一个黑色的图像窗口,宽度 840,高度 540,如图 3-11 所示。

图 3-11　创建一个黑色的新窗口

2.采集图像

由于要连续地采集图像,因此要建立图像采集循环。在循环中使用 grab_image 获取图像,并使用 dev_display 将其显示出来。

具体程序如下:

```
* 循环采集
while(true)
    * 同步采集获取实时图像
    grab_image(Image,AcqHandle)
    * 显示采集图像
    dev_display(Image)
endwhile
```

执行完上述程序后,摄像头会不断进行同步采集来获取实时图像,获取的实时图像如图 3-12 所示。

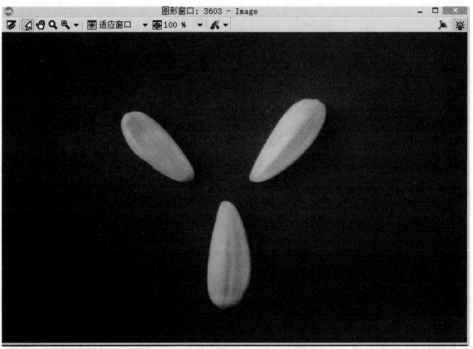

图 3-12　同步采集获取的实时图像

3.对图像进行灰度化处理

应用 rgb1_to_gray 算子将瓜子图像进行灰度化处理,为之后的阈值处理做准备。灰度化处理程序如下:

```
rgb1_to_gray(Image,GrayImage)
```

执行完灰度化处理后的图像如图 3-13 所示。

4.对图像进行阈值处理

对图像进行阈值处理是为了将瓜子的图像从图像中提取出来。阈值范围可以利用灰度直方图工具来确定。灰度直方图工具可以在工具栏中找到,如图 3-14 所示。

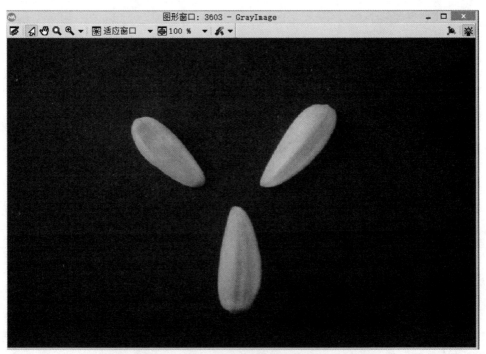

图 3-13 灰度化处理后的图像

图 3-14 灰度直方图工具

通过灰度直方图工具可以实时地查看所需区域的选中情况,从而确定所需阈值,如图 3-15 所示。

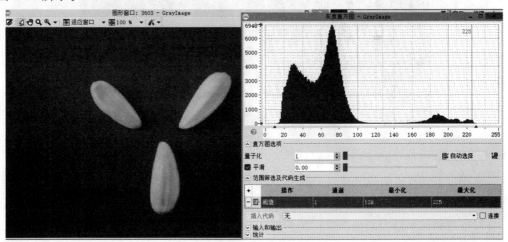

图 3-15 利用灰度直方图确定阈值

阈值处理程序如下：

threshold(GrayImage,Region,128,225)

执行阈值处理后的图像如图 3-16 所示。

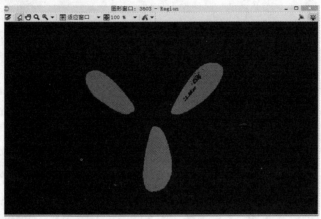

图 3-16　执行阈值处理后的图像

5.对区域进行填充处理

从图 3-16 中可以看出,选中的区域中有一些间断的空隙,因此需要对这些空隙进行填充处理,程序如下：

fill_up(Region,RegionFillUp)

执行完 fill_up 算子后,图像如图 3-17 所示。

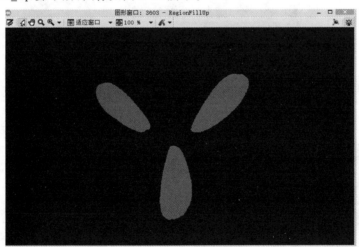

图 3-17　执行填充处理后的图像

6.对填充后的区域进行划分

在图 3-17 中,填充的区域属于同一个区域,里面还存在不是瓜子的区域。因此为了将瓜子区域提取出来,需要将这些不连续的区域进行单独划分,为之后的筛选做好准备。

对不连续区域进行划分所需用到的算子是 connection。具体程序如下：

connection(RegionFillUp,ConnectedRegions)

执行完 connection 算子后,图像如图 3-18 所示。

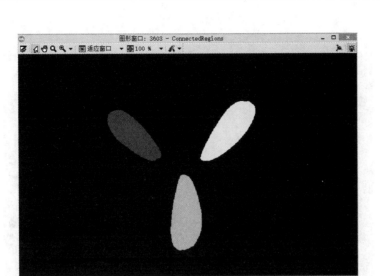

图 3-18 执行区域划分后的图像

7. 将瓜子区域提取处理

为了将瓜子区域提取出来,可以通过计算各个独立区域的面积进行区分,具体的面积参数可以通过特征直方图工具来完成。特征直方图工具可以在工具栏中找到,如图 3-19 所示。

图 3-19 特征直方图工具

通过特征直方图工具可以进行实时查看,根据面积大小筛选瓜子区域的情况,从而确定瓜子区域的面积筛选值,如图 3-20 所示。

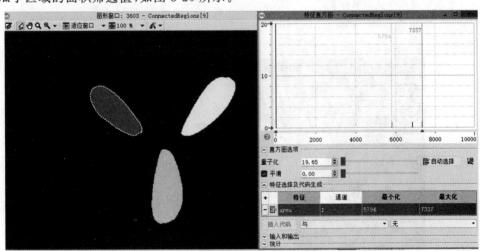

图 3-20 利用特征直方图确定面积筛选值

面积筛选程序如下:

```
select_shape(ConnectedRegions,SelectedRegions,'area','and',5500,7500)
```

执行完 select_shape 算子后,图像如图 3-21 所示。

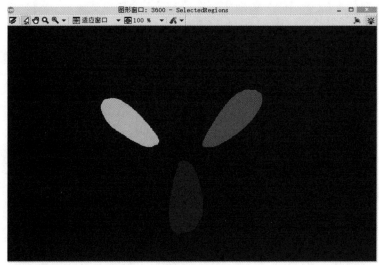

图 3-21　执行面积筛选后的图像

8.对瓜子区域进行计数

将瓜子区域提取后,可以利用 count_obj 算子对瓜子区域进行计数,并通过字符串显示在图像窗口中。字符串的字体和字号可以通过 set_font 算子来完成,计数和显示字符串完成后的图像如图 3-22 所示。

具体程序如下:

```
* 对选中的瓜子区域进行计数
count_obj(SelectedRegions,Number)
* 设置字符串以仿宋 GB2312 字体来显示,显示的字号大小为 20
set_font(3600,'-System-20-*-0-0-0-1-GB2312_CHARSET-')
* 在图像窗口中显示字符串
write_string(WindowHandle,'有'＋Number＋'个瓜子')
```

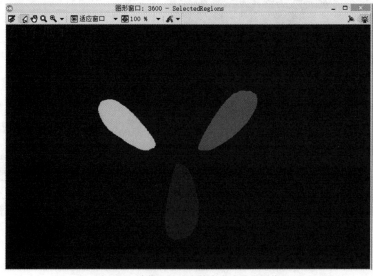

图 3-22　计数和显示字符串完成后的图像

9. 关闭图像采集接口

使用 close_framegrabber 关闭图像采集接口并释放资源。至此，该实例完成。

本实例完整代码如下：

```
* 关闭当前窗口,清空屏幕
dev_clear_window()
* 生成新的显示窗口
dev_open_window(0,0,840,540,'black',WindowHandle)
* 打开图像采集接口
* open_framegrabber ('DirectShow', 1, 1, 0, 0, 0, 0, 'default', 8, 'rgb', -1, 'false', 'default',
'[0] DroidCam Source 3', 0, -1, AcqHandle)
* 循环采集
while(true)
    * 同步采集获取实时图像
    grab_image(Image,AcqHandle)
    * 显示采集图像
    dev_display(Image)
    * 将图像进行灰度化处理
    rgb1_to_gray(Image,GrayImage)
    * 使用阈值处理,提取较亮的部分
    threshold(GrayImage,Region,128,225)
    * 填充区域
    fill_up(Region,RegionFillUp)
    * 将不连续的区域划分独立区域
    connection(RegionFillUp,ConnectedRegions)
    * 运用面积筛选程序将不需要的区域筛选掉
    select_shape(ConnectedRegions,SelectedRegions,'area','and',5500,7500)
    * 对目标进行计数
    count_obj(SelectedRegions,Number)
    * 设置字符串以仿宋 GB2312 字体来显示,显示的字号大小为 20
    set_font(3600,'-System-20-*-0-0-0-1-GB2312_CHARSET-')
    * 在图像窗口中显示字符串
    write_string(WindowHandle,'有'+Number+'个瓜子')
    * 显示瓜子区域和字符串
    dev_display(SelectedRegions)
endwhile
* 采集结束关闭接口
close_framegrabber(AcqHandle)
```

习题三

1. HALCON 图像的基本结构有哪些？

2. HALCON 图像采集包括哪几种，各自的步骤是怎样的？

3. 简述如何通过灰度直方图来选取采集图像的目标区域？

第4章
图像预处理

微课4

图像预处理是指在对图像分析处理时,对输入的图像进行特征提取、分割和匹配前所进行的处理。图像预处理的主要目的是消除图像中无关的信息,恢复有用的真实信息。

4.1 图像运算

图像运算是指以图像为单位进行的操作(该操作可对图像中的所有像素或者局部像素同时进行处理),得到与原来灰度分布不同的图像,从而消除图像中无关的信息,恢复有用的真实信息。图像运算需要两幅或者两幅以上的图像,对图像数量资源的要求较高,但是运算较快。

4.1.1 加法运算

图像的加法运算是将两幅图像的灰度值进行某种比例的叠加,即

$$h(x,y) = \alpha f(x,y) + \beta g(x,y)$$

式中,$f(x,y)$ 为输入的第一幅图像;$g(x,y)$ 为输入的第二幅图像;α 为第一幅图像的系数;β 为第二幅图像的系数;$h(x,y)$ 为输出的图像。

图像的加法运算可以用来降低图像中的随机噪声。一般情况下,使用的是多幅图像去噪的方式。一幅图像由于拍摄时需要较高的 ISO 值(感光度),这样就会产生比较明显的噪声。因为这些噪声是随机的,所以可通过求获取的多幅图像的平均值的方法,来达到多幅图像降噪的效果。

如果某一幅图像用 $g_i(x,y)$ 来表示,则多幅图像降噪的公式为

$$\overline{g}(x,y) = \frac{1}{n}\sum_{i=1}^{n} g_i(x,y)$$

式中,n 为图像的数量;$\overline{g}(x,y)$ 为求得的平均灰度值图像;$g_i(x,y)$ 为第 i 幅图像。

在 HALCON 中使用 add_image 函数来实现加法运算,程序如下:

```
add_image(Image1,Image2,ImageResult,Mult,Add)
```

算子的详细参数如下:

Image1:第一幅图像输入;

Image2：第二幅图像输入；

ImageResult：图像相加后的结果图像；

Mult：灰度值适应因子，默认值为 0.5；

Add：灰度值范围自适应的值，默认值为 0。

下面以一个实际的例子对 add_image 算子进行介绍，具体程序和步骤如下：

```
* 读取图像
read_image(Image,'E:/原始图像.jpg')
* 转换图像类型为 int2，扩大位深，保证叠加时不会溢出
convert_image_type(Image,ImageConverted,'int2')
* 复制图像，保护原图
copy_image(ImageConverted,DupImage)
* 生成空图像数组，保存图像
gen_empty_obj(ImageNoiseArray)
* 循环生成噪声图像
for i:=1 to 5 by 1
    * 添加噪声
    add_noise_white(DupImage,ImageNoise, 80)
    * 噪声图像存入数组
    concat_obj(ImageNoiseArray, ImageNoise, ImageNoiseArray)
endfor
* 图像叠加降噪
for i:=2 to 5 by 1
    * 第一次循环叠加 1~2 幅图像
    if(i=2)
    * 从数组中选择第一幅图像
    select_obj (ImageNoiseArray, ObjectSelected_1, 1)
    * 从数组中选择第二幅图像
    select_obj(ImageNoiseArray,ObjectSelected_2,2)
    * 图像相加
    add_image(ObjectSelected_1,ObjectSelected_2,ImageResult,1,0)
    * 后续循环依次叠加一幅图像
    else
    * 从数组中选择第一幅图像
    select_obj(ImageNoiseArray,ObjectSelected_i,i)
    * 图像相加
    add_image(ObjectSelected_i,ImageResult,ImageResult,1,0)
    endif
endfor
* 数值求平均值
scale_image(ImageResult,ImageScaled, 0.2, 0)
```

如图 4-1 所示是原始图像。如图 4-2 所示分别是噪声图像和降噪图像，均是深度为 8 位的图像。

图 4-1 原始图像

(a)噪声图像　　　　　　　　　　(b)降噪图像

图 4-2 噪声图像和降噪图像

可以看到,噪声图像在多幅平均降噪算法下有了明显的改善,但仍然无法还原成原图。

加法运算还可以用来进行图像的合成。把多幅图像的信息"加"到一起时,要求图像的尺寸一致,这样才能合成。当多幅图像尺寸不一致时,需要先进行裁切,举例如下:

```
* 读取近景图像
read_image(ImageProspect,'E:/近景.jpg')
* 读取远景图像
read_image(ImageDistantView,'E:/远景.jpg')
* 裁切图像保证图像尺寸大小一致
crop_part(ImageProspect,ImagePartProspect,0,0,1000,1000)
* 裁切图像保证图像尺寸大小一致
crop_part(ImageDistantView,ImagePartDistantView,0,0,1000,1000)
* 合成图像
add_image(ImagePartProspect,ImageMean,ImageResult, 0.3, 0)
```

如图 4-3 所示分别是近景图像和远景图像。如图 4-4 所示是加法合成图像。

(a)近景图像　　　　　　　　　　(b)远景图像

图 4-3 近景图像和远景图像

图 4-4　加法合成图像

通过加法运算,把轮船和山的图像进行了合成,在这个合成图像里面就同时存在近景图像和远景图像的信息了。

4.1.2　减法运算

图像的减法运算是将两幅图像的灰度值进行相减,即

$$h(x,y)=f(x,y)-g(x,y)$$

式中,$f(x,y)$为输入的第一幅图像;$g(x,y)$为输入的第二幅图像;$h(x,y)$为输出图像。

图像的减法运算可以用来计算两幅图像的差异,尤其是近景物体(运动的物体)的差异。

在 HALCON 中使用 sub_Image 函数来实现图像的差,程序如下:

sub_Image(ImageMinuend,ImageSubtrahend,ImageSub,Mult,Add)

算子的详细参数如下:

ImageMinuend:当作被减数的图像;

ImageSubtrahend:当作减数的图像;

ImageSub:通过减法运算得到的图像;

Mult:校正因子,默认值为 1;

Add:修正值,默认值为 128。

如图 4-5 所示是用于进行减法运算的图像,可通过减法运算获得运动的物体。

图 4-5　用于进行减法运算的图像(左图减去右图)

```
* 读取图像
read_image(Image1,'E：/被减图像.png')
* 读取图像
read_image(Image2,'E：/减图像.png')
* 裁切图像保证图像尺寸大小一致
crop_part(Image1,ImagePart1,0,0,350,350)
* 裁切图像保证图像尺寸大小一致
crop_part(Image2,ImagePart2,0,0,350,350)
* 把图像转换成 int2 类型,避免图像灰阶溢出
convert_image_type(ImagePart1,ImageConverted1,'int2')
* 把图像转换成 int2 类型,避免图像灰阶溢出
convert_image_type(ImagePart2,ImageConverted2,'int2')
* 图像求差
sub_image(ImageConverted1,ImageConverted2,ImageSub,1,0)
```

如图 4-6 所示是图像求差的结果。

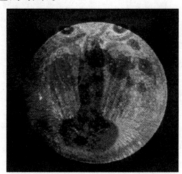

图 4-6　图像求差的结果

4.1.3　乘法运算

图像的乘法运算是将两幅图像的灰度值进行相乘,即

$$h(x,y)=f(x,y)g(x,y)$$

式中,$f(x,y)$ 为输入的第一幅图像;$g(x,y)$ 为输入的第二幅图像;$h(x,y)$ 为输出图像。

图像的乘法运算一般用于图像部分的获取。在 HALCON 中一般使用 mult_image 函数进行图像的乘法运算,程序如下:

```
mult_image(Image1,Image2,ImageResult,Mult,Add)
```

算子的详细参数如下:

Image1:第一张相乘的图像;

Image2:第二张相乘的图像;

ImageResult:结果图像;

Mult:乘数因子;

Add:加数因子。

通过下面的例子来实现图像部分提取,如图 4-7 所示是用于乘法运算的图像。

图 4-7　用于乘法运算的图像

```
* 读取图像一
read_image(src1,'fabrik')
* 图像一显示
dev_display(src1)
* 读取图像二
read_image(src2,'monkey')
* 图像二显示
dev_display(src2)
* 图像相乘
mult_image(src1,src2,result,0.5,10)
* 显示结果
dev_display(result)
```

如图 4-8 所示是乘法结果图像。

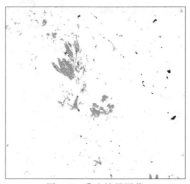

图 4-8　乘法结果图像

4.1.4　除法运算

图像的除法运算是将两幅图像的灰度值进行相除，即

$$h(x,y)=f(x,y)/g(x,y)$$

除法运算可以用于非线性的不均衡亮度的校正，在医学和工业领域经常被使用。图像除法运算还可以用来描述图像之间的区别，它是通过像素比率的方式实现的，而图像减法运算是通过绝对差值的方式实现的。

在 HALCON 中使用 div_image 实现图像除法运算。

div_image(Image1,ImageResult,Mult,Add)算子的详细参数如下：

Image1：当作被除数的图像；

ImageResult：当作除数的图像；

Mult：除数因子；

Add：加数因子。

通过下面的例子来实现图像的亮度校正，如图 4-9 所示是用于除法运算的图像。

图 4-9　用于除法运算的图像

```
＊读取图像,原始图像
read_image(Image1,'E:/卡针.jpg')
＊读取图像,白色背景获取的图像
read_image(Image2,'E:/阴影.jpg')
＊裁切图像保证图像尺寸大小一致
crop_part(Image1,ImagePart1,0,0,500,500)
＊裁切图像保证图像尺寸大小一致
crop_part(Image2,ImagePart2,0,0,500,500)
＊把图像转换成 int2 类型,避免图像灰阶溢出
convert_image_type(ImagePart1,ImageConverted1,'real')
＊把图像转换成 int2 类型,避免图像灰阶溢出
convert_image_type(ImagePart2,ImageConverted2,'real')
＊除法运算
div_image(ImageConverted1,ImageConverted2,Result,1,0)
```

如图 4-10 所示为亮度校正后的图像，通过除法运算的方式得到了一幅亮度均衡的图像。

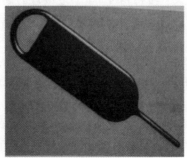

图 4-10　亮度校正后的图像

4.2 仿射变换

仿射变换又称仿射映射,是指一个向量空间进行一次线性变换并加上一个平移,变换为另一个向量空间。

仿射变换是在几何上定义为两个向量空间之间的一个仿射变换或者仿射映射,由一个非奇异的线性变换加上一个平移变换组成,即

$$\begin{bmatrix} x' \\ y' \\ 1 \end{bmatrix} = \begin{bmatrix} a_1 & a_2 & t_x \\ a_3 & a_4 & t_y \\ 0 & 0 & 1 \end{bmatrix} \begin{bmatrix} x \\ y \\ 1 \end{bmatrix}$$

仿射变换可以保持原来的线和点的位置关系不变,原来相互平行的线依然平行,原来的中点的点依然是中点,原来直线上的线段与直线的比例关系不变。但是仿射变换不能保持原来线段的长度不变,也不能保证原来线与线之间的夹角不变。参数 a_1、a_2、a_3、a_4 的数值变化会影响线性变换,参数 t_x、t_y 控制的是图像的平移。

HALCON 中使用 affine_trans_image 函数来实现仿射变换,程序如下:

affine_trans_image(Image,ImageaffineTrans,HomMat2D,Interpolation,AdaptImageSize)

算子的详细参数如下:

Image:输入的图像;

ImageaffineTrans:变换后的图像;

HomMat2D:变换矩阵;

Interpolation:变换之后图像插值算法;

AdaptImageSize:用于设置输出图像的大小模式,如果设置为 True,则图像右下角对齐。

在图像变换之后,原有像素的角度就发生了变化,但还是通过矩阵的方式来显示变换之后的图像,这就涉及如何把变换后的图像转换到水平矩阵中,即图像插值。

HALCON 中提供了 5 种插值方式:

(1) nearest_neighbor:最近邻插值。根据最近像素的灰度值确定灰度值(质量较低,但速度非常快)。

(2)bilinear:双线性插值。灰度值通过双线性插值从最近的 4 个像素点确定。如果仿射变换包含比例因子小于 1 的缩放,则不进行平滑,这可能会导致严重的混叠效果(中等质量和中等运行时间)。

(3) bicubic:双立方插值。灰度值由 4×4 个最接近的像素通过双三次插值确定。如果仿射变换包含尺度因子小于 1 的缩放,则不进行平滑处理,这可能导致严重的混叠效果(放大质量高,速度慢)。

(4) constant:常规双线性插值。灰度值通过双线性插值从最近的 4 个像素点确定。如果仿射变换包含尺度因子小于 1 的缩放,则使用一种均值滤波器来防止混叠效果(中等质量和中等运行时间)。

(5) weighted:加强双线性插值。灰度值通过双线性插值从最近的 4 个像素点确定。如果仿射变换包含比例因子小于 1 的缩放,则使用一种高斯滤波器来防止混叠效果(高质量,速度慢)。

HALCON 中使用 hom_mat2d_identity 来生成矩阵,这个函数的第一个参数是生成的矩阵。生成的矩阵为 3×3,即

$$\begin{bmatrix} 1 & 0 & 0 \\ 0 & 1 & 0 \\ 0 & 0 & 1 \end{bmatrix}$$

仿射变换一般分为平移变换、旋转变换、比例变换、剪切变换和镜像变换。

4.2.1　图像的平移变换

图像的平移变换是将图像中的点按照要求进行平移。平移变换是一种"刚体变换",图像不会产生形变,线段的长度、线与线的夹角都不会发生变化,只有图像的位置会发生变化。变换的矩阵为

$$\begin{bmatrix} 1 & 0 & T_x \\ 0 & 1 & T_y \\ 0 & 0 & 1 \end{bmatrix}$$

HALCON 中使用 hom_mat2d_translate 函数实现图像的平移,程序如下:

```
hom_mat2d_translate(HomMat2D,T_x,T_y,HomMat2DTranslate)
```

算子的详细参数如下:

HomMat2D:需要变换的矩阵;

T_x:x 的平移量;

T_y:y 的平移量;

HomMat2DTranslate:生成的矩阵。

通过下面的例子来实现图像平移,如图 4-11 所示是用于图像平移变换的图像。

图 4-11　用于图像平移变换的图像

```
* 读取图像
read_image (Image,'E:/monkey.jpg')
* 创建一个空的矩阵
hom_mat2d_identity (HomMat2DIdentity)
```

```
* 创建一个平移矩阵
hom_mat2d_translate（HomMat2DIdentity，50，50，HomMat2DTranslate）
* 清空矩阵
affine_trans_image（Image，ImageAffineTrans，HomMat2DTranslate，'constant'，'false'）
```
如图 4-12 所示为平移变换后的图像。

图 4-12　平移变换后的图像

4.2.2　图像的旋转变换

图像的旋转变换是指沿着某一点为原点进行旋转。旋转变换也是一种"刚体变换"，图像不会产生形变，线段的长度、线与线的夹角都不会发生变化，只有图像的位置会发生变化，变换矩阵为

$$\begin{bmatrix} \cos\theta & -\sin\theta & 0 \\ \sin\theta & \cos\theta & 0 \\ 0 & 0 & 1 \end{bmatrix}$$

在 HALCON 中使用 hom_mat2d_rotate 函数来实现旋转变换，程序如下：

```
hom_mat2d_rotate(HomMat2D,Phi,Px,Py,HomMat2DRotate)
```
算子的详细参数如下：

HomMat2D：需要变换的矩阵；

Phi：旋转的角度，单位是弧度；

P_x：旋转基准点的 x 值；

P_y：旋转基准点的 y 值；

HomMat2DRotate：输出的矩阵。

hom_mat2d_rotate 函数也是先将图像平移到基准点，然后进行旋转，最后再平移回去。用公式表示为

$$\text{Mat} = \begin{bmatrix} 1 & 0 & P_x \\ 0 & 1 & P_y \\ 0 & 0 & 1 \end{bmatrix} \begin{bmatrix} \cos\theta & -\sin\theta & 0 \\ \sin\theta & \cos\theta & 0 \\ 0 & 0 & 1 \end{bmatrix} \begin{bmatrix} 1 & 0 & -P_x \\ 0 & 1 & -P_y \\ 0 & 0 & 1 \end{bmatrix} \times \text{originalMat}$$

通过下面的例子来实现图像旋转，如图 4-13 所示是用于图像旋转变换的图像。

图 4-13　用于图像旋转变换的图像

＊读取图像

read_image（Image，′E:/monkey.jpg′）

＊创建一个空的矩阵

hom_mat2d_identity（HomMat2DIdentity）

＊创建一个旋转矩阵

hom_mat2d_rotate（HomMat2DIdentity，0.78，300，300，HomMat2DRotate）

＊清空矩阵

affine_trans_image（Image，ImageAffineTrans，HomMat2DRotate，′constant′，′false′）

如图 4-14 所示为旋转变换后的图像。

图 4-14　旋转变换后的图像

4.2.3　图像的比例变换

　　图像的比例变换是 x 方向和 y 方向都按照固定的倍率进行缩放，比例变换也是一种"刚体变换"，图像不会产生形变，线段的长度、线与线的夹角都不会发生变化，只有图像的大小会发生变化。变换矩阵为

$$\begin{bmatrix} S_x & 0 & 0 \\ 0 & S_y & 0 \\ 0 & 0 & 1 \end{bmatrix}$$

　　在 HALCON 中，使用 hom_mat2d_scale 函数来实现缩放变换，程序如下：

hom_mat2d_scale（HomMat2D，S_x，S_y，P_x，P_y，HomMat2DScale）

算子的详细参数如下：

HomMat2D:需要变换的矩阵；

S_x:x 方向需要放大的倍率；

S_y:y 方向需要放大的倍率；

P_x:缩放基准点的 x 值；

P_y:缩放基准点的 y 值；

HomMat2DScale:输出的矩阵。

hom_mat2d_scale 函数会先将图像平移到基准点，然后进行缩放，最后平移回去。用公式表示为

$$Mat = \begin{bmatrix} 1 & 0 & P_x \\ 0 & 1 & P_y \\ 0 & 0 & 1 \end{bmatrix} \begin{bmatrix} S_x & 0 & 0 \\ 0 & S_y & 0 \\ 0 & 0 & 1 \end{bmatrix} \begin{bmatrix} 1 & 0 & -P_x \\ 0 & 1 & -P_y \\ 0 & 0 & 1 \end{bmatrix} \times originalMat$$

通过下面的例子来实现图形的比例变换，如图 4-15 所示为用于图像比例变换的图像。

图 4-15　用于图像比例变换的图像

　*读取图像

read_image（Image，'E:/monkey.jpg'）

　*创建一个空的矩阵

hom_mat2d_identity（HomMat2DIdentity）

　*创建一个缩放矩阵

hom_mat2d_scale（HomMat2DIdentity，0.5，0.5，0，0，HomMat2DScale）

　*清除矩阵

affine_trans_image（Image，ImageAffineTrans，HomMat2DScale，'constant'，'false'）

如图 4-16 所示是比例变换后的图像。

图 4-16　比例变换后的图像

4.3 图像平滑

图像平滑的主要目的是减少图像上的噪声。噪声一般分为白噪声、高斯噪声和椒盐噪声,如图 4-17 所示。噪声会影响获取图像特征的稳定性,导致出现错误的判定,进而影响系统运行。

(a)白噪声　　　　　　(b)高斯噪声　　　　　　(c)椒盐噪声

图 4-17　噪声的类型

4.3.1　高斯滤波

高斯滤波是一种线性平滑滤波,适用于消除高斯噪声,广泛应用于图像处理的减噪过程。简单来说,高斯滤波是对整幅图像进行加权平均的过程,每一个像素点的值都由其本身和邻域内的其他像素值经过加权平均后得到。高斯滤波的具体操作是,用一个模板(或称卷积、掩膜)描述图像中的每一个像素,用模板确定的邻域内像素的加权平均灰度值替代模板中心像素点的值。高斯滤波用于得到信噪比高的图像,反映了真实的信号。高斯平滑滤波器对于抑制正态分布的噪声非常有效。

高斯滤波的权值由下面的公式生成:

一维高斯分布,即

$$G(x) = \frac{1}{\sqrt{2\pi}} e^{-\frac{x^2}{2\sigma^2}}$$

二维高斯分布,即

$$G(x,y) = \frac{1}{\sqrt{2\pi}\sigma} e^{\frac{-x^2+y^2}{2\sigma^2}}$$

式中,σ 为高斯系数;x 为行坐标;y 为列坐标。

二维高斯分布用矩阵表示为

1/16	2/16	1/16
2/16	4/16	2/16
1/16	2/16	1/16

这是一个 3×3 的高斯矩阵,在 HALCON 中一般使用 gauss_filter 函数来实现高斯滤波,程序如下:

```
gauss_filter(Image，ImageGauss，Size)
```

算子的详细参数如下:

Image：原始图像输入；

ImageGauss：经高斯滤波后的图像输出；

Size：过滤器(掩膜)的大小，默认值为5。

在 HALCON 中高斯掩膜的大小并不能无限大，公式中的数值上限为11。

如图 4-18 所示为 3×3 高斯滤波效果对比图。

(a)原始图像   (b)高斯滤波后的图像

图 4-18　3×3 高斯滤波效果对比图

4.3.2　均值滤波

均值滤波是图像处理中最常用的手段，是典型的线性滤波算法。从频率观点来看，均值滤波是一种低通滤波器，高频信号将会被去掉，因此能够消除图像的尖锐噪声，实现图像平滑和模糊等功能。理想的均值滤波是指在图像上对目标像素给定一个模板，该模板包括其周围的邻近像素(以目标像素为中心的周围 8 像素，构成一个滤波模板，即去掉目标像素本身)，再用模板中的全体像素的平均值来代替原像素值。

用公式表示为

$$f(i,j) = \frac{1}{n} \sum_{k=1}^{n} g_k(i,j)$$

式中，$f(i,j)$为计算的均值；$g(i,j)$为矩阵中的值；i 为行；j 为列；k 为矩阵的某个数值；n 为整个矩阵中的总共的数值个数。

均值滤波的矩阵一般表示为

1/9	1/9	1/9
1/9	1/9	1/9
1/9	1/9	1/9

在 HALCON 中使用 mean_Image 函数来实现均值滤波，程序如下：

```
mean_Image(Image, ImageMean, MaskWidth, MaskHeight)
```

算子的详细参数如下：

Image：原始图像输入；

ImageMean：经均值滤波后的图像输出；

MaskWidth：均值滤波掩膜的宽度，默认值为 9；

MaskHeight：均值滤波掩膜的高度，默认值为 9。

如图 4-19 所示为均值滤波的效果图。

（a）原始图像　　　　　　　　　（b）均值滤波后的图像

图 4-19　均值滤波的效果图

4.3.3　中值滤波

中值滤波是典型的线性滤波算法。它是指在图像上对目标像素给一个模板，该模板包括其周围的近像素（以 3×3 为掩膜，目标像素为中心的周 8 像素，构成一个滤波模板，即去掉目标像素本身），再用模板中的全体像素的中间值来代替原来像素值。中值滤波也是消除图像噪声最常见的手段之一，特别是对于消除椒盐噪声，中值滤波的效果比均值滤波更好。

中值滤波使用矩阵里的数据进行大小排序，然后取中间值，即

$$Y_i = M_{ed}\{x_{i-k}, \cdots, x_{i-1}, x_i, x_{i+1}, \cdots, x_{i+k}\}$$

式中，x_i 为矩阵里面的数值；M_{ed} 为取数列的中值。

在 HALCON 中使用 median_image 函数来实现中值滤波，程序如下：

```
median_image(Image，ImageMedian，MaskType，Radius，Margin)
```

算子的详细参数如下：

Image：原始图像输入；

ImageMedian：经中值滤波后的图像输出；

MaskType：（选择掩膜的类型）指定滤波区域形状，包含 Circle（圆形）和 Square（正方形），默认为 Circle（圆形）；

Radius：（掩膜的边长）滤波区域半径，默认值为 1；

Margin：对图像的边界处理方式，包含 Mirrored（镜像）、Cyclic（循环）和 Continued（继续），镜像是对图像的边界进行镜像，循环是对图像的边界进行循环延伸，继续是对图像的边界进行延伸，默认为 Mirrored（镜像）。

如图 4-20 所示为中值滤波的效果图。

（a）原始图像　　　　　　　　　（b）中值滤波后的图像

图 4-20　中值滤波的效果图

4.4 灰度变换

图像的灰度变换是图像预处理中的一种,由于成像系统的限制,获取到的图像的对比度和动态范围往往不尽如人意。这种情况下,可以使用灰度变换来解决问题。灰度变换是指根据某种目标条件按一定的变换关系,逐个像素改变原图像中的灰度值的方法。灰度变换有时也被称为图像对比变换。灰度变换可以使目标的对比度变大,或者图像的动态范围得到改善。灰度变换常用的方法有三种:线性灰度变换、分段线性灰度变换和非线性灰度变换。

4.4.1 线性灰度变换

线性灰度变换图像是指按照某种线性关系进行灰度变换。设图像函数为 $f(x,y)$,灰度范围为 $[a,b]$,变换后的图像函数为 $g(x,y)$,灰度范围为 $[c,d]$。如图 4-21 所示为图像的线性灰度变换。

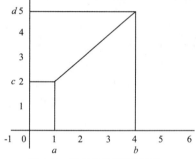

图 4-21 图像的线性灰度变换

数学表达式为

$$g(x,y)=k[f(x,y)-a]+c$$

式中,k 为直线的斜率,$k=\dfrac{d-c}{b-a}$。

在 HALCON 中使用 scale_image 函数来实现图像的线性灰度变换,程序如下:

```
scale_image(Image,ImageScaled,Mult,Add)
```

算子的详细参数如下:

Image:需要变换的图像;

ImageScaled:变换后的图像;

Mult:乘数因子;

Add:加数因子。

图像变换例子如下:

```
* 读取图像
read_image(Image,'')
* 改变动态范围
```

* 最大动态范围

Max:=200

* 最小动态范围

Min:=120

* 获取图像的最大值和最小值

min_max_gray(Image,Image,0,MinGray,MaxGray,Range)

* 计算转换比例

Mult:=(Max-Min)/real(MaxGray-MinGray)

* 计算加数因子

Add:=Min-(MinGray * Mult)

* 缩小图像动态范围到指定区间

scale_image(Image,ImageScale,Mult,Add)

* 图像对比度减弱

scale_image(Image,ImageScaledDecreaseContrast,0.5,0)

* 图像对比度加强

scale_image(Image,ImageAddContrast,1.5,0)

* 图像亮度减弱

scale_image(Image,ImageScaledDecreasebrightness,1,-50)

* 图形亮度加强

scale_image(Image,ImageScaledAddbrightness,1,50)

* 动态范围提升到最大

scale_image_max(Image,ImageScaleMax)

线性灰度变换的处理结果如图 4-22 所示。

(a)原始图像

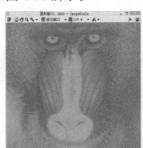

(b)动态范围缩略图像

(c)对比度减弱图像

(d)对比度增强图像

(e)亮度减弱图像

(f)亮度增强图像

(g)动态范围增加图像

图 4-22　线性灰度变换的处理结果

4.4.2　分段线性灰度变换

用户为了获得更好的目标区域,提高目标区域的灰度对比度时,会压缩非目标区域的灰度对比度,此时可以使用分段线性灰度变换,这个方法一般会将图像的灰度值分为多段,一般情况下是 2～3 段,每一段灰度区域都对应一种线性灰度变换,如图 4-23 所示。

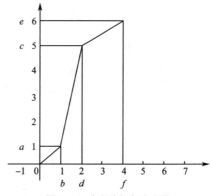

图 4-23　多段线性灰度变换

在图 4-23 中,目标区域 $[b,d]$ 被拉伸到了 $[a,c]$,这样大幅提升了 $[b,d]$ 段的对比度。对于非目标区域,把 $[d,f]$ 的灰度值压缩到了 $[c,e]$,缩减了动态范围。用表达式表示多段线性变化,即

$$g(x,y)=\begin{cases} \dfrac{a}{b}f(x,y),0\leqslant f(x,y)<b \\[2mm] \dfrac{c-a}{d-b}[f(x,y)-b]+a,b\leqslant f(x,y)<d \\[2mm] \dfrac{e-c}{f-d}[f(x,y)-d]+c,d\leqslant f(x,y)<f \end{cases}$$

分段线性灰度变换的例子如下:

```
* 读取图像
read_image(Image,'E:/照相机.jpg')
* 中间段最小值
b：=50
* 中间段最大值
d：=150
* 扩充中间段最小值
a：=25
* 扩充中间段最大值
c：=230
* 阈值压缩第一段
threshold(Image,RegionMin,0,b)
* 裁切区域
```

reduce_domain(Image,RegionMin,ImageReducedMin)

＊计算转换比例

Mult:=(a-0)/real(b-0)

＊计算加数因子

Add:=0-(0 * Mult)

＊缩小图像动态范围到指定区间

scale_image(ImageReducedMin,ImageScaledMin,Mult,Add)

＊阈值压缩第三段

threshold(Image,RegionMax,d,255)

＊裁切区域

reduce_domain(Image,RegionMax,ImageReducedMax)

＊计算转换比例

Mult:=(255-c)/real(255-d)

＊计算加数因子

Add:=c-(d * Mult)

＊缩小图像动态范围到指定区间

scale_image(ImageReducedMax,ImageScaledMax,Mult,Add)

＊阈值扩充第二段

threshold(Image,RegionMid,b+1,d-1)

＊裁切区域

reduce_domain(Image,RegionMid,ImageReducedMid)

＊计算转换比例

Mult:=(c-a)/real(d -b)

＊计算加数因子

Add:=a-(b * Mult)

＊缩小图像动态范围到指定区间

scale_image(ImageReducedMid,ImageScaledMid,Mult,Add)

＊获取图像大小

get_image_size(Image,Width,Height)

＊生成空图像

gen_image_const(ImageConst,'byte',Width,Height)

＊消除空区域

paint_gray(ImageScaledMin,ImageConst,MixedImageMin)

＊消除空区域

paint_gray(ImageScaledMid,ImageConst,MixedImageMid)

＊消除非空区域

paint_gray(ImageScaledMax,ImageConst,MixedImageMax)

＊图像相加

add_image (MixedImageMax,MixedImageMid,ImageResultl,1,0)

＊图像相加

add_image(ImageResult1,MixedImageMin,ImageResult,1,0)

分段线性灰度变换对比结果如图 4-24 所示。

(a)原始图像　　　　　　　　　　　　(b)变换后的图像

图 4-24　多段灰度变化对比结果

可以看到,变换后的图像对比度得到了明显的提高,暗部区域的对比度被压缩,排除了干扰。

4.4.3　非线性灰度变换

单一的线性灰度变换可以解决图像对比度的问题,该方法变换均匀,但不容易做到非均匀变换。如果通过分段线性灰度变换的方法,会使段数过多不容易处理,因此引入非线性灰度变换的方法。非线性灰度变换是对整个灰度范围进行函数映射,函数可以是连续的或分段的。常用的非线性灰度变换有对数变换和指数变换。

1. 对数变换

对数变换是把图像的灰度范围映射到对数函数上,图像灰度的对数变换可以压低高光部分,增强暗部细节,尤其是对光不足的图像有比较好的作用,对数变换的函数表达式为

$$g(x,y)=a+\frac{\log[f(x,y)+c]}{\log b}$$

式中,a、b、c 分别为调整取像位置和形状设置的参数,a 控制图像的上、下位置,b 控制图像的变换趋势,c 控制图像的左、右位置。

对数变换的函数图像如图 4-25 所示。

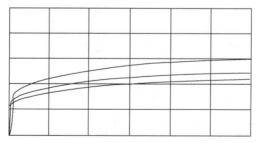

图 4-25　对数变换的函数图像

图 4-25 中,函数从上到下分别为 $a=5$、$b=2$、$c=0$,$a=5$、$b=4$、$c=0$,$a=5$、$b=20$、$c=0$。

在 HALCON 中使用 log_image 函数来实现图像的对数变换,程序如下:

log_image(Image,LogImage,Base)

算子的详细参数如下:

Image:需要变换的图像;

LogImage:变换后的图像;

Base:对数函数的底数选择。

对数变换后的图像效果对比如图 4-26 所示。

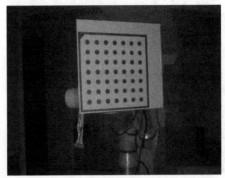

(a)原始图像　　　　　　　　　　(b)变换后的图像

图 4-26　对数变换后的图像效果对比

可以看到,图像阴影部分的亮度在变换之后得到了增强,阴影内图片上的纹理已经可以被看见。

2. 指数变换

指数变换是把图像的灰度范围映射到指数函数上,指数变换根据参数的不同可以提高或者降低图像的对比度,指数变换的数学表达式为

$$g(x,y)=a[f(x,y)+b]^c$$

式中,a、b、c 分别为调整取像位置和形状设置的参数。

指数变换的函数图像如图 4-27 所示。

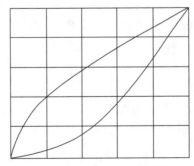

图 4-27　指数变换的函数图像

图 4-27 中函数从上到下分别为 $a=5$、$b=0$、$c=0.5$,$a=1/25$、$b=0$、$c=2$。

在 HALCON 中,使用 pow_image 函数来实现指数变换,程序如下:

pow_image(Image,PowImage,Exponent)

算子的详细参数如下:

Image:输入的图像;

PowImage:变换后的图像;

Exponent:指数。

指数变换后的图像效果对比如图 4-28 所示。

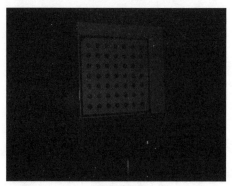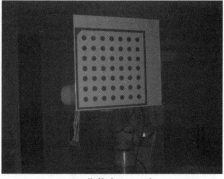

(a)原始图像　　　　　　　　　　　(b)指数为 2.25 时

图 4-28　指数变换结果对比

可以看到,指数变换的高光压低和暗部提亮是比较柔和的,主要是扩充图像中部的对比度,对于明暗的压制也不会过大。

4.5　连通域

连通域一般是指图像中具有相同像素值且位置相邻的像素点组成的图像区域。连通域分析是指将图像中的各个连通区域找出并标记。连通域分析在图像分析处理的众多应用领域中非常常见。连通域分析处理的对象一般是一幅二值化后的图像。像素邻域关系一般有四邻域和八邻域两种。

在 HALCON 中,使用 connection 函数来分割连通域,程序如下:

connection(Region,ConnectedRegion)

算子的详细参数如下:

Region:输入的区域;

ConnectedRegion:各自独立的区域组。

如图 4-29 所示为用于分割连通域的图像。分割连通域的例子如下:

```
* 读取图像
read_image(Image,'E:/工业机器人视觉应用/被减图像.png')
* 二值化,可用灰度直方图进行可视化
threshold(Image,Region,190,255)
* 将不相连的区域都分割成单独的区域
connection(Region,ConnectedRegions)
```

＊根据面积进行特征选择，可用特征直方图进行可视化，只选出有道路的区域
select_shape(ConnectedRegions,SelectedRegions,′area′,′and′,5000,1000000)
＊将有道路的区域进行孔洞填充
fill_up（SelectedRegions，RegionFillup)
＊设置选出的区域为红色
dev_set_color（′red′)
＊显示选出的区域
dev_display（Image)
＊显示填充后的区域
dev_display(RegionFillup)

图 4-29　用于分割连通域的图像

如图 4-30 所示为分割连通域后的图像。

图 4-30　分割连通域后的图像

4.6 案例应用：图像的运算与仿射变换

如图 4-31 所示,运用图像的加法和仿射变换,将图 4-31(a)和图 4-31(b)合并,然后旋转 180 度,得到图 4-31(c)。参考程序如下：

```
dev_close_window ()
dev_open_window (0, 0, 800, 600, 'black', WindowHandle)
read_image (Image1, 'C:/Users/mei/Desktop/1.jpg')
rgb1_to_gray (Image1, GrayImage1)
read_image (Image2, 'C:/Users/mei/Desktop/2.jpg')
rgb1_to_gray (Image2, GrayImage2)
* 求和
add_image (GrayImage1, GrayImage2, Imagesub, 0.5, 0)
* 仿射变换—旋转
hom_mat2d_identity (HomMat2DIdentity)
hom_mat2d_rotate (HomMat2DIdentity, 1.57, 0, 0, HomMat2DRotate)
affine_trans_image (Imagesub, ImageAffineTrans, HomMat2DRotate, 'constant', 'false')
* 显示结果
dev_display (ImageAffineTrans)
```

(a)被加图片   (b)加图片   (c)结果

图 4-31 图像的加法和仿射变换

 习题四

1. 试在 HALCON 中,通过图像的加法运算将图 4-32 和图 4-33 相加,并输出结果。

图 4-32 习题四-1(1)   图 4-33 习题四-1(2)

2. 将习题 1 相加后的图,通过仿射变换先旋转 90°,再缩小 70%,输出结果。

3. 将习题 1 相加后的图,通过连通域将机器人的末端夹爪提取出来。

第 5 章
图像分割

微课5

图像分割就是把图像分成若干特定的、具有独特性质区域并提取出相关目标的技术和过程。它是图像处理到图像分析的关键步骤。本章的图像分割方法主要包括阈值分割法、区域生长法、分水岭算法。阈值分割法包括基于灰度值的阈值分割、基于灰度直方图的阈值分割、二值阈值分割、局部阈值分割、字符阈值分割。区域生长法包括 regiongrowing 和 regiongrowing_mean 两个算子。

5.1 阈值分割法

阈值是一个指定的像素灰度值的范围,像素灰度值是表明图像明暗的数值,即黑白图像中点的颜色深度,范围一般从 0 到 255,白色为 255,黑色为 0,故黑白图像也称灰度图像。灰度值指的是单个像素点的亮度,灰度值越大表示像素点越亮。

阈值分割法是一种基于区域的图像分割技术,原理是把图像像素点分为若干类。图像阈值分割法是一种传统的图像分割方法,因其实现简单、计算量小、性能较稳定而成为图像分割中最基本和应用最广泛的分割技术。它特别适用于目标和背景占据不同灰度级范围的图像。它不仅可以极大地压缩数据量,而且也可以大大简化分析和处理步骤,因此在很多情况下,其是进行图像分析、特征提取与模式识别之前的必要的图像处理过程。图像阈值化的目的是要按照灰度级,对像素集合进行划分,得到的每个子集都形成一个与现实景物相对应的区域,各个区域内部具有一致的属性,而相邻区域不具有这种一致属性。这样的划分可以通过从灰度级出发选取一个或多个阈值来实现。

5.1.1 基于灰度值的阈值分割

当需要分割的区域灰度值与背景差异较大时,可以采用基于灰度值的阈值分割方法。首先检查分割的区域和背景的灰度值;然后设定灰度值区间,进而提取需要分割的区域。

接下来,以使用 HALCON 中的全局固定阈值分割 threshold 算子来实现对橡皮擦的提取为例进行说明,程序如下:

```
threshold(Image, Region, MinGray, MaxGray)
```

算子的详细参数如下:

Image：输入的图像；

Region：输出的图像；

MinGray：灰度值的最小值，默认为 128；

MaxGray：灰度值的最大值，默认为 255。

对橡皮擦提取的程序如下：

```
* 读入一张橡皮擦的图像
read_image（Image，'C:/Users/admin/Desktop/橡皮擦.jpg'）
* 将图像进行灰度化处理
rgb1_to_gray（Image，GrayImage）
* 将图像进行阈值处理，灰度最小值为 0
threshold（GrayImage，Region，80，255）
* 开运算，去噪
opening_circle（Region，RegionOpening，3.5）
* 显示经过处理后的图像
dev_display（RegionOpening）
```

对图像进行阈值分割前，首先要将彩色图片转化为灰度图片，再检测需要提取区域和背景的灰度值，将光标移动到想要检测的某个点，按下"Ctrl"键，即可显示该点的灰度值。

由图 5-1 可知，橡皮擦上某点的灰度值为 186，背景中某点的灰度值为 44，灰度值相差较大，因此在 threshold 算子中可以设定最小灰度值为 80，最大灰度值为 255 来提取橡皮擦区域。经过阈值分割处理的图像对比如图 5-2 所示。

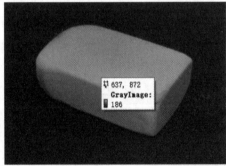

图 5-1　橡皮擦上某点与背景中某点的灰度值

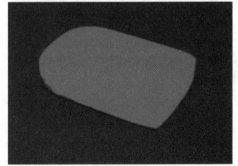

(a)处理前　　　　　　　　　　　　　(b)处理后

图 5-2　经过阈值分割处理的图像对比

5.1.2　基于灰度直方图的阈值分割

灰度直方图是关于灰度级分布的函数，是对图像中灰度级分布的统计。灰度直方图是指将图像中的所有像素，按照灰度值的大小，统计其出现的频率。灰度直方图是灰度级的函数，它表示图像中具有某种灰度级的像素的个数，反映了图像中某种灰度出现的频率。

在实际应用中，人眼对灰度值的感受并不准确，而且在连续采集时，由于环境因素对图像的灰度影响较大，固定的阈值会使提取出来的图像不够准确，此时使用基于直方图的自动阈值分割就能使提取的图像更加准确。

基于灰度直方图的阈值分割就是自动阈值分割（auto_threshold）。自动阈值分割是指自动根据灰度直方图中的灰度分布生成区域（平滑的 sigma 图像和灰度值），选取每个山峰为独立区域，分割区域以谷底（最小值）为准。可以理解为有几个峰值就会分割出几个区域，程序如下：

```
auto_threshold(Image，Regions，Sigma)
```

算子的详细参数如下：

Image：输入的图像；

Regions：输出自动划分的区域；

Sigma：高斯平滑系数，默认为 2。该数值越高表示谷底越少，也就是分割出的区域越少。

下面对一幅图像进行处理，如图 5-3 所示。具体程序如下：

图 5-3　需要处理的图像

```
* 读入一幅图像
read_image (Image，'C:/Users/admin/Desktop/彩色图像.jpg')
* 对图像进行灰度转化
rgb1_to_gray (Image，GrayImage)
* 进行自动阈值分割
auto_threshold (GrayImage，Regions，2)
* 显示处理后的图像
dev_display (Regions)
```

执行如上程序后打开灰度直方图,如图 5-4 所示。

图 5-4　打开灰度直方图

可以看到在灰度直方图上有三个峰值(图 5-5),说明灰度直方图中各区域的灰度值比较集中。

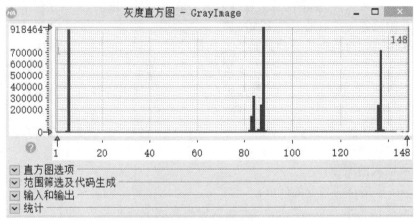

图 5-5　灰度直方图

图像也被自动分割成了三个区域,如图 5-6 所示。

图 5-6　处理后的图像

5.1.3　二值阈值分割

有时需要分割的图像有明显的对比,而我们只需要提取其中一部分,这时就可以使用二值阈值分割。

二值阈值分割又叫自动全局阈值分割(binary_threshold),能够自动确定全局阈值分割单通道图像,并在区域中返回分割后的区域。该算子有两种可使用的分割方法:最大类间方差法′max_separability′和平滑直方图法′smooth_histo′。这两种方法只能用于具有双峰直方图的图像。

binary_threshold(Image，Region，Method，LightDark，UsedThreshold)

算子的详细参数如下：

Image：原始图像输入；

Region：分割后图像输出；

Method：所使用的分割方法有最大类间方差法和平滑直方图法两种，默认为最大类间方差法；

LightDark：提取较亮区域或较暗区域，默认为较暗区域；

UsedThreshold：返回所使用的阈值。

下面对两幅不同背景下的图案进行提取，具体程序如下：

（1）提取白色背景下的灰色文字（图 5-7、图 5-8）

```
* 读入一幅字体图像
read_image（Image，'C:/Users/admin/Desktop/图片.jpg'）
* 对图像进行灰度转化
rgb1_to_gray（Image，GrayImage）
* 进行自动阈值分割
binary_threshold（GrayImage，Region，'max_separability'，'dark'，UsedThreshold）
* 显示处理后的图像
dev_display（Region）
```

图 5-7　处理前的图像　　　　图 5-8　处理后的图像

这里用到的是最大类间方差法提取图片中较暗的文字。

（2）提取较暗背景中的心形（图 5-9、图 5-10）

```
* 读入一幅心形图像
read_image（Image，'C:/Users/admin/Desktop/图片.jpg'）
* 对图像进行灰度转化
rgb1_to_gray（Image，GrayImage）
* 进行自动阈值分割
binary_threshold（GrayImage，Region，'smooth_histo'，'light'，UsedThreshold）
* 显示处理后的图像
dev_display（Region）
```

图 5-9　处理前的图像　　　　图 5-10　处理后的图像

这里使用了平滑直方图法提取图片中较亮的区域。

可以看到,最大类间方差法提取出来的区域更加明确,平滑直方图法提取出来的区域更加平滑、圆润。

5.1.4　局部阈值分割

在实际项目中,由于图像背景不一致,目标经常表现为比背景局部亮一些或暗一些,无法通过全局阈值操作进行分割,这时需要通过求原像素值与滤波后像素值的差找到一个局部阈值进行分割。一般和平滑滤波器 mean_image 一起使用。

dyn_threshold(OrigImage, ThresholdImage, RegionDynThresh, Offset, LightDark)

算子的详细参数如下:

OrigImage:输入的原始图像;

ThresholdImage:包含局部阈值的图像;

RegionDynThresh:分割图像;

Offset:设定一个比较的区间范围,默认为 5;

LightDark:提取亮的区域、暗的区域或相似区域,默认为亮的区域。

进行局部阈值处理分为四个步骤,下面以处理字母图像为例:

(1)读入图像并进行灰度处理

```
* 读入一幅字母图像
read_image (Image, ′C:/Users/admin/Desktop/图片.jpg′)
* 对图像进行灰度处理
rgb1_to_gray (Image, GrayImage)
```

此时得到的图像如图 5-11 所示。

(2)使用均值滤波对图像进行平滑处理

```
* 对灰度图像进行均值滤波
mean_image (GrayImage, ImageMean, 11, 11)
```

此时得到的图像如图 5-12 所示。

A	B	C	D	E	F	G
a	b	c	d	e	f	g
H	I	J	K	L	M	N
h	i	j	k	l	m	n
O	P	Q	R	S	T	U
o	p	q	r	s	t	u
V	W	X	Y	Z		
v	w	x	y	z		

图 5-11　经灰度处理后的图像

A	B	C	D	E	F	G
a	b	c	d	e	f	g
H	I	J	K	L	M	N
h	i	j	k	l	m	n
O	P	Q	R	S	T	U
o	p	q	r	s	t	u
V	W	X	Y	Z		
v	w	x	y	z		

图 5-12　经均值滤波后的图像

（3）使用局部阈值分割，提取字符区域

＊使用局部阈值分割，提取字符区域

dyn_threshold (GrayImage, ImageMean, RegionDynThresh, 5, ′dark′)

此时得到的图像如图 5-13 所示。

（4）去除无关点

如图 5-13 所示，图中有许多杂点，此时需要采用开运算进行处理。

＊使用开运算对无关点进行处理

opening_circle (RegionDynThresh, RegionOpening, 1.5)

执行完程序得到的图像如图 5-14 所示。

图 5-13　经局部阈值分割后的图像　　　　图 5-14　执行完程序得到的图像

5.1.5　字符阈值分割

在 5.1.4 小节中实现了对字符的提取，然而提取效果并不理想。在 HALCON 中还有一种专门提取字符的算子，该算子为 char_threshold，其适用于在黑暗背景上提取黑色字符，该算子是先计算一个灰度曲线，然后对灰度图像进行平滑处理，从而将前景与背景分离。程序如下：

char_threshold(Image, HistoRegion, Characters, Sigma, Percent, Threshold)

算子的详细参数如下：

Image：原始图像输入；

HistoRegion：计算的直方图区域；

Characters：表示字符的暗黑区域；

Sigma：高斯平滑值，默认为 2；

Percent：灰度值差的百分比，默认为 95；

Threshold：提取出的区域输出。

下面对字母图像进行提取，具体程序如下：

(1)读入图像并进行灰度处理

　＊读入一幅字母图像

read_image (Image，'C:/Users/admin/Desktop/图片.jpg')

　＊对图像进行灰度处理

rgb1_to_gray (Image，GrayImage)

灰度处理后得到的图像如图 5-15 所示。

(2)增强图像对比度,使字符区域更加突出

　＊增强图像对比度

scale_image_max (GrayImage，ImageScaleMax)

增强图像对比度后得到的图像如图 5-16 所示。

图 5-15　灰度处理后得到的图像　　　图 5-16　增强图像对比度后得到的图像

(3)字符分割并对图像进行开运算去除杂点

　＊使用字符分割提取字符区域

char_threshold (ImageScaleMax，GrayImage，Characters，6，95，Threshold)

　＊使用开运算对无关点进行处理

opening_circle (Characters，RegionOpening，1)

执行完程序后得到的图像如图 5-17 所示。

图 5-17　执行完程序后得到的图像

由图 5-17 可以看出通过字符分割得到的字符更加连续,且杂点更少。

5.2　区域生长法

区域生长是指从某个像素出发,按照一定的准则,逐步加入邻近像素。当满足一定的条件时,区域生长便会终止。区域生长的好坏决定于如下几个方面:①初始点(种子点)的选取;②生长准则;③终止条件。区域生长是从某个或者某些像素点出发,最后得到整个区域,进而实现目标的提取。

1.初始点(种子点)的选取

种子点的选取很多时候都采用人工交互的方法实现,也有用其他方式的,例如寻找物体并提取物体内部点作为种子点。

2.生长准则

生长准则是指确定在生长过程中能将相邻像素包括进来的准则。灰度图像的差值、彩色图像的颜色等,都是关于像素与像素间的关系描述。

3.终止条件

终止条件是指当不再有像素满足加入这个区域的准则时,区域生长便会停止。

区域生长法的优点是基本思想相对简单,通常能将具有相同特征的连通区域分割出来,并能提供很好的边界信息和分割结果。在没有先验知识可以利用时,可以取得最佳的性能,可以用来分割比较复杂的图像,如自然景物。

区域生长法的缺点也很明显,对空间和时间的要求都比较大,噪声和灰度不均一可能会导致空洞和过分割,对图像中的阴影效果处理往往不理想。

5.2.1　regiongrowing

HALCON 中有两种区域生长算子,这里先介绍 regiongrowing 算子。程序如下:

regiongrowing(Image, Regions, Row, Column, Tolerance, MinSize)

算子的详细参数如下:

Image:原始图像输入;

Regions:分割后图像输出;

Row:测试像素之间的垂直距离,默认为 3;

Column:测试像素之间的水平距离,默认为 3;

Tolerance:灰度值小于或等于公差的点累加到同一对象中,默认为 6;

MinSize:输出区域的最小值,默认为 100。

下面对一幅山路图像进行处理,如图 5-18 所示。

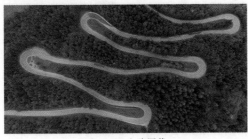

图 5-18　山路图像

（1）读入一幅图像并对图像进行预处理

```
* 读入一幅山路图像
read_image（Image，'C:/Users/admin/Desktop/图片.jpg'）
* 对图像进行灰度处理
rgb1_to_gray（Image，GrayImage）
* 对图像进行高斯滤波处理
gauss_filter（GrayImage，ImageGauss，3）
```

经高斯滤波后得到的图像如图 5-19 所示。

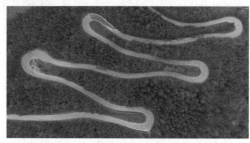

图 5-19　经高斯滤波后得到的图像

（2）使用 regiongrowing 算子对图像进行处理

```
* 使用 regiongrowing 算子对图像进行处理
regiongrowing（ImageGauss，Regions，3，3，2，100）
```

经 regiongrowing 算子处理后得到的图像如图 5-20 所示。

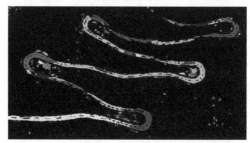

图 5-20　经 regiongrowing 算子处理后得到的图像

（3）对图像进行填补

图 5-20 中有许多黑色的空白，因此需要用闭运算进行填充和修补。

```
* 使用形态学中的闭运算对图像进行填补
closing_circle（Regions，RegionClosing，7）
```

对图像进行填补后得到的图像如图 5-21 所示。

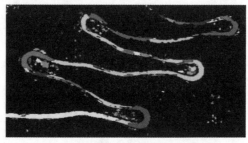

图 5-21　对图像进行填补后得到的图像

(4)筛选出公路区域

在图 5-21 中有许多除了公路区域外的杂点,这里使用 select_shape 算子对其进行筛选。

首先打开"特征检测"窗口(图 5-22),在"特征"中依次选择"region""basic""area"(图 5-23)代表检测该区域的面积,选中后区域的面积会在右侧的数值中显示。选择不同的区域后,可大致了解各区域的面积,然后在 select_shape 算子中设定筛选面积范围。

图 5-22 打开"特征检测"窗口

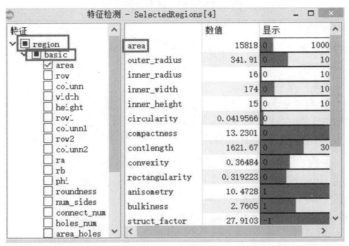

图 5-23 特征检测

> * 筛选出公路区域
>
> select_shape (RegionClosing, SelectedRegions1, 'area', 'and', 1000, 999999)

'area':筛选的标准是面积;

1000:设定的最小面积;

999999:设定的最大面积。

从图像中提取面积在 1 000～999 999 的区域。筛选出来的区域如图 5-24 所示。

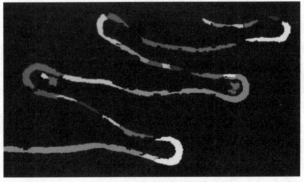

图 5-24 筛选出来的区域

图中一些小的区域会被填补,这样就完成了对公路区域的提取。

5.2.2 regiongrowing_mean

regiongrowing_mean 算子是基于区域的平均灰度值上进行的区域生长,该算子会从给定的坐标点开始向周边生长,在该算子处理图像时会对每个点都计算平均灰度值,若区域边界的灰度值与当前平均值的差小于设定的公差,则会将它算入区域内。

该算子与 regiongrowing 算子的区别在于,需要设定起始点坐标(也可以通过赋值起始点坐标进行多个区域的生长),处理后的图像比 regiongrowing 算子处理的图像更清晰,分出的区域块更大。

下面对 5.2.1 小节中的山路提取做优化,具体程序如下:

(1)提取出山路区域

```
* 读入一幅山路图像
read_image (Image，'C:/Users/admin/Desktop/图片.jpg')
* 对图像进行灰度处理
rgb1_to_gray (Image，GrayImage)
* 对图像进行高斯滤波处理
gauss_filter (GrayImage，ImageGauss，3)
* 使用区域生长算子对图像进行处理
regiongrowing (ImageGauss，Regions，3，3，2，100)
* 使用形态学中的闭运算对图像进行填补
closing_circle (Regions，RegionClosing，7)
* 筛选出公路区域
select_shape (RegionClosing，SelectedRegions1，'area'，'and'，1000，999999)
```

(2)使用连通域将不连续的区域分开,并计算各区域中心点的行、列坐标

```
* 对不连续的区域进行划分
connection (SelectedRegions1，ConnectedRegions)
* 计算各独立区域的行、列坐标
area_center (ConnectedRegions，Area，Row，Column)
```

划分后的区域和各区域的行、列坐标显示在变量窗口中,如图 5-25 所示。

(3)运用 regiongrowing_mean 进行区域生长

将(2)中计算得到的各个区域的坐标在 regiongrowing_mean 算子中直接引用,Row 表示行坐标,Column 表示列坐标,由此我们也可以手动在图像中查看区域中心点坐标,这里直接引用,表示对每个区域的中心点都做处理。

```
* 运用 regiongrowing_mean 进行区域生长
regiongrowing_mean (ImageGauss，Regions1，Row，Column，18，100)
```

运用 regiongrowing_mean 进行区域生长后得到的图像如图 5-26 所示。

```
* 对生长后的区域进行闭运算处理
closing_circle (Regions1，RegionClosing1，7)
```

进行闭运算处理后得到的图像如图 5-27 所示。

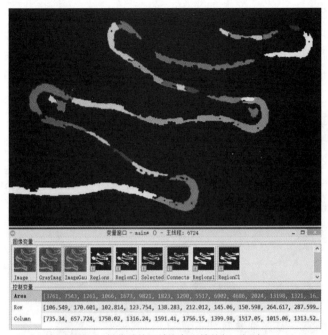

图 5-25　划分后的区域和各区域的行、列坐标

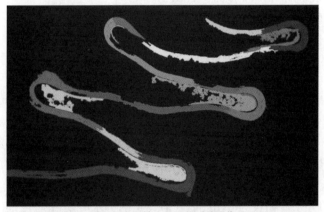

图 5-26　区域生长后得到的图像

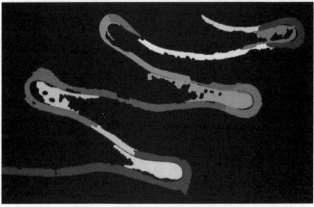

图 5-27　进行闭运算处理后得到的图像

由此可见,经 regiongrowing_mean 算子处理后的图像比 regiongrowing 算子处理的图像更清晰,分出的区域块更大。但无关的区域也变大了,这是因为在区域生长过程中,对无关区域也进行了处理,因此在使用过程中要尽量提前减少或清除无关区域,从而使提取出来的目标更加准确。

5.3 分水岭算法

分水岭是指分隔相邻两个流域的山岭或高地,也比喻不同事物的主要分界。在自然界中,存在分水岭较多的是山岭、高地。分水岭的脊线叫分水线,是相邻流域的界线,一般为分水岭最高点的连线。盆地及其他边缘如图 5-28 所示。

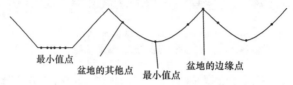

最小值点　盆地的其他点　最小值点　盆地的边缘点

图 5-28　盆地及其他边缘

分水岭算法的算子及详细参数如下:

```
watersheds_threshold(Image, Basins, Threshold)
```

Image:输入原始图像;

Basins:输出的盆地区域;

Threshold:分水岭的阈值。

分水岭算法是一种图像区域分割法,在分割的过程中,它会把跟邻近像素间的相似性作为重要的参考依据,从而将在空间位置上相近并且灰度值相近(求梯度)的像素点互相连接起来构成一个封闭的轮廓。

分水岭算法可以理解为将一张图片看作一幅地图,灰度值低的就是地势低的地方,灰度值高的就是地势高的地方。分水岭的阈值就是这一整幅图像上的平均降雨量。降雨量越小,地势低的地方积水量越少;降雨量越大,地势低的地方积水量越大,面积也就越大。图 5-29(a)设定的分水岭阈值为 6,图 5-29(b)设定的分水岭阈值为 12,可以看到分水岭阈值越大,硬币上被覆盖的面积越大。

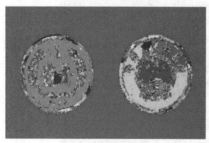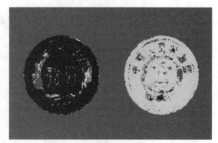

　　　　(a)阈值为 6　　　　　　　　　　　　(b)阈值为 12

图 5-29　两种分水岭阈值下提取的硬币区域

分水岭算法可以适用于背景较复杂的图片,有些时候,还需要人工构筑分水岭,以防盆地之间互相穿透。

下面对一幅图像做分水岭算法处理,具体程序如下:

(1)读入一幅图像并进行灰度处理

```
*读入一幅图像
read_image (Image，'C:/Users/admin/Desktop/图片.jpg')
*对图像进行灰度处理
rgb1_to_gray (Image，GrayImage)
```

经灰度处理后得到的图像如图 5-30 所示。

图 5-30　经灰度处理后得到的图像

(2)对图像进行均值滤波处理

```
*对图像进行均值滤波处理
mean_image (GrayImage，ImageMean，4，4)
```

均值滤波处理后得到的图像如图 5-31 所示。

图 5-31　均值滤波处理后得到的图像

(3)对图像进行边缘检测,规定分水岭,防止盆地之间互相穿透

```
*对图像进行边缘检测
sobel_amp (ImageMean，EdgeAmplitude，'sum_abs'，3)
```

对图像进行边缘检测后得到的图像如图 5-32 所示。

图 5-32　对图像进行边缘检测后得到的图像

（4）使用分水岭算法处理图像，分水岭阈值为 6

＊用分水岭算法处理图像

watersheds_threshold（EdgeAmplitude，Basins，6）

＊显示处理后的图像

dev_display（Basins）

处理完成后得到的图像如图 5-33 所示。

图 5-33　处理完成后得到的图像

如果在应用过程中未检测区域的边缘，则处理的图像会出现分界不明确，不够光滑的区域，还可能会导致提取出的区域不理想。如图 5-34 所示。

图 5-34　未设置边缘检测进行分水岭算法得到的图像

5.4　案例应用：硬币图像分割

（1）读入图像并进行预处理

＊读入一幅硬币图像

read_image（Image，'C：/Users/admin/Desktop/图片.jpg'）

＊对图像进行灰度处理

rgb1_to_gray（Image，GrayImage）

＊对图像进行均值滤波处理

mean_image（GrayImage，ImageMean，4，4）

经预处理后得到的图像如图 5-35 所示。

图 5-35　经预处理后得到的图像

（2）对图像进行颜色反转

可以看到图 5-35 中硬币是白色，背景是黑色，提取并不方便，因此需要进行图像的颜色反转。

```
* 对图像进行颜色反转
invert_image (ImageMean, ImageInvert)
```

经图像颜色反转后得到的图像如图 5-36 所示。

图 5-36　经图像颜色反转后得到的图像

（3）对反转后的图像进行边缘检测并提取

```
* 对图像进行边缘检测
sobel_amp (ImageInvert，EdgeAmplitude，'sum_abs'，3)
* 用分水岭算法处理图像
watersheds_threshold (EdgeAmplitude，Basins,12)
* 显示处理后的图像
dev_display (Basins)
```

处理后的图像如图 5-37 所示。

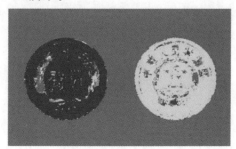

图 5-37　处理后的图像

分水岭算法也可以与连通域、区域生长算子一起使用，从而实现更复杂的图像的提取,在使用过程中要注意设定区域的边界,以及灰度值深浅决定了盆地的大小和深度,分水岭阈值决定分割出的区域的大小,要注意分水岭阈值不是越大越好,过大的阈值会导致区域被过分提取。

习题五

在 HALCON 中,通过阈值分割法将图 5-38 中的"自强不息 厚德载物"字样提取出来,并输出结果。

图 5-38 习题五-1

第6章
形态学与 Blob 分析

微课6

　　在图像处理技术中,有一些操作会对图像的形态发生改变,这些操作一般称之为形态学操作(Phology)。数学形态学是基于集合论的图像处理方法,最早出现在生物学的形态与结构中,图像处理中的形态学应用于图像的处理操作(去噪、形状简化)、图像增强(骨架提取、细化、凸包及物体标记)、物体背景分割及物体形态量化等场景中,形态学操作的对象是二值化图像。

　　常见的形态学操作中包括腐蚀、膨胀、开操作、闭操作等。其中腐蚀、膨胀是许多形态学操作的基础。

6.1　数学形态学预备知识

　　图像处理的数学形态学运算中常把一幅图像或者图像中一个我们感兴趣的区域称作集合。集合用大写字母 A、B、C 等表示,而元素通常是指单个的像素,用该元素在图像中的整型位置坐标$(z, 2)$来表示,这里 $z \in Z$,其中 Z 为二元整数序偶对的集合。

　　1. 集合与元素的关系

　　属于与不属于:对于某一个集合 A,若点 a 在 A 之内,则称 a 是属于 A 的元素,记作 $a \in A$;反之,若点 b 不在 A 内,称 b 是不属于 A 的元素,记作 $b \notin A$,如图 6-1(a)所示。

　　2. 集合与集合的关系

　　并集:$C = \{z \mid z \in A$ 或 $z \in B\}$,记作 $C = A \cup B$,即 A 与 B 的并集 C 包含集合 A 与集合 B 的所有元素,如图 6-1(b)所示。并集的重要特性为可交换性:$A \cup B = B \cup A$,此外并集还存在可结合性$(A \cup B) \cup C = A \cup (B \cup C)$。

　　通过并集的这两个性质可以推导出非常高效率的形态学实现算法,我们仅需要对两幅图像进行逻辑或运算。如果区域用行程来表示,并集计算的复杂度会降低。计算原理是观察行程的顺序同时合并两个区域的行程,然后将互相交叠的几个行程合并成一个行程。

　　交集:$C = \{z \in A$ 且 $z \in B\}$,记作 $C = A \cap B$,即 A 与 B 的交集 C 包含同时属于集合 A 与集合 B 的所有元素,如图 6-1(c)所示。交集与并集类似,相当于对两幅图像进行逻辑且运算,交集也存在交换性和结合性。

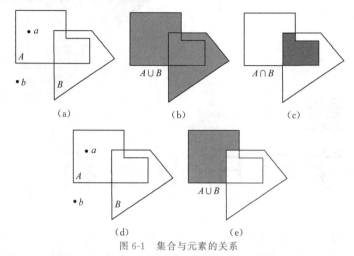

图 6-1　集合与元素的关系

补集:$A'=\{z\,|\,z\notin A\}$,即 A 的补集是不包含 A 的所有元素组成的集合,如图 6-1(d) 所示。一个区域的补集可以无限大,所以不能用二值图像来表示,对于二值图像表示的区域,定义时不应含有补集,但用行程编码表示区域时可以使用补集定义,通过增加一个标记来指示保存的是区域还是区域的补集,这能被用来定义一组更广义的形态学操作。

差集:$A-B=\{z\,|\,z\in A,z\notin B\}$,即 A 与 B 的差集由所有属于 A 但不属于 B 的元素构成,如图 6-1(e)所示。差集运算既不能交换也不能结合。差集可以根据交集和补集来定义。

3.结构元素

设有两幅图像 A、B,若 A 是被处理的图像,B 是用来处理 A 的图像,则称 B 为结构元素。结构元素通常指一些比较小的图像。A 与 B 的关系类似于滤波中图像和模板的关系。

6.2　二值图像的基本形态学运算

腐蚀和膨胀是两种最基本的也是最重要的形态学运算,其他的形态学算法也都是由这两种基本运算复合而成的。

6.2.1　腐蚀

1.理论基础

顾名思义,腐蚀是将物体的边缘加以腐蚀。具体的操作方法是拿一个宽为 m,高为 n 的矩形作为模板,对图像中的每一个像素 x 做如下处理:将像素 x 置于模板的中心,根据模板的大小,遍历所有被模板覆盖的其他像素,修改像素 x(中心点)的值为所有像素中最小的值。这样操作的结果是会将图像外围的突出点加以腐蚀。图像被腐蚀的过程如图 6-2 所示。

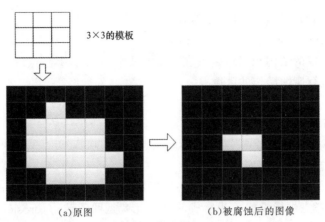

(a)原图　　　　　　(b)被腐蚀后的图像

图 6-2　图像被腐蚀过程

2. 腐蚀运算的实现

对区域进行腐蚀、膨胀操作时需要使用结构元素,生成的区域可以作为结构元素,这样得到的结构元素本身就是区域,如果使用圆形结构元素,那就生成一个圆形区域;如果使用矩形结构元素,那就生成一个矩形区域,见表 6-1。

表 6-1　　　　　　　　　　　　　　　结构元素

生成结构元素的算子	算子的作用
gen_erosion	生成圆形区域,可作为圆形结构元素
gen_rectanglel	生成平行坐标轴的矩形区域,可作为矩形结构元素
gen_rectangle2	生成任意方向的矩形区域,可作为矩形结构元素
gen_ellipse	生成椭圆形区域,可作为椭圆形结构元素
gen_Region_pologon	根据数组生成多边形区域,可作为多边形结构元素

相关算子说明:

(1)erosion_circle(Region,RegionErosion,Radius)

作用:使用圆形结构元素对区域进行腐蚀操作。

Region:要进行腐蚀操作的区域。

RegionErosion:腐蚀后获得的区域。

Radius:圆形结构元素的半径。

(2)erosion_rectangle1(Region,RegionErosion,Width,Height)

作用:使用矩形结构元素对区域进行腐蚀操作。

Region:要进行腐蚀操作的区域。

RegionErosion:腐蚀后获得的区域。

Width,Height:矩形结构元素的宽和高。

(3)erosion1(Region,StructElement,RegionErosion,Iterations)

作用:使用生成的结构元素对区域进行腐蚀操作。

Region:要进行腐蚀操作的区域。

StructElement:生成的结构元素。

RegionErosion:腐蚀后获得的区域。

Iterations：迭代次数，即腐蚀的次数。

（4）erosion2(Region,StructElement,RegionErosion,Row,Column,Iterations)

作用：使用生成的结构元素对区域进行腐蚀操作（可设置参考点位置）。

Region：要进行腐蚀操作的区域。

StructElement：生成的结构元素。

RegionErosion：腐蚀后获得的区域。

Row,Column：设置参考点位置，一般即原点位置。

Iterations：迭代次数，即腐蚀的次数。

算子 erosion1 一般选择结构元素中心为参考点，与 erosion1 相比，erosion2 进行腐蚀的时候可以对参考点进行设置。若生成的结构元素是圆形结构，erosion1 算子参考点就会自动设置在圆心，而 erosion2 参考点可以不设置在圆心。若 erosion2 参考点不设置在结构元素中心，执行 erosion2 算子后图像就会发生偏移。设置参考点位置改变区域的显示位置的结论如下：

（1）参考点的行坐标值比圆心的行坐标值大，执行 erosion2 算子后向下移动，移动距离为参考点的行坐标减去圆心的行坐标的绝对值。

（2）参考点的列坐标值比圆心的列坐标值大，执行 erosion2 算子后向右移动，移动距离为参考点的列坐标减去圆心的列坐标的绝对值。

（3）参考点的行坐标值比圆心的行坐标值小，执行 erosion2 算子后向上移动，移动距离为参考点的行坐标减去圆心的行坐标的绝对值。

（4）参考点的列坐标值比圆心的列坐标值小，执行 erosion2 算子后向左移动，移动距离为参考点的列坐标减去圆心的列坐标的绝对值。

【例 6-1】 使用不同的腐蚀算子可以得到不同的腐蚀结果，同时腐蚀算子的参数改变得到的腐蚀结果也会发生改变。

```
*读取图片
read image(Image,'腐蚀膨胀.png')
*灰度转化
rgb_to_gray(Image,GrayImage)
*阈值分制
threshold(GrayImage,Region,73,79)
*计算连通区域
connection(Region,ConnectionRegions)
*使用半径为 1 的圆形结构元素腐蚀得到区域
erosion_circle(ConnectedRegions,RegionErosion,1)
*生成圆形区域
gen_circle(Circle, 100, 107, 10)
*使用生成的圆形结构元素腐蚀得到区域
```

程序执行结果如图 6-3 所示。

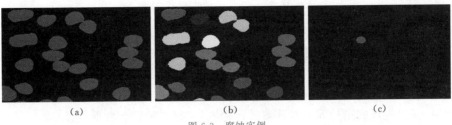

(a)   (b)   (c)

图 6-3　腐蚀实例

6.2.2　膨胀

1. 理论基础

膨胀操作与腐蚀操作相反,它是将图像的轮廓加以膨胀。其操作方法与腐蚀操作类似,也是拿一个矩形模板,对图像的每个像素做遍历处理。不同之处在于修改的像素值不是所有像素中最小的值,而是最大的值。这样操作的结果会将图像外围的突出点连接并向外延伸。如图 6-4 所示是膨胀形成过程。

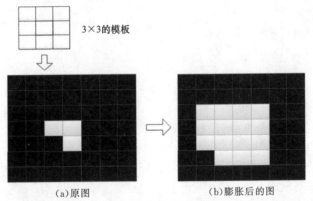

3×3的模板

(a)原图   (b)膨胀后的图

图 6-4　膨胀形成过程

2. 膨胀操作的 HALCON 实现

相关算子说明:

(1)dilation_circle(Region,RegionDilation,Radius)

作用:使用圆形结构元素对区域进行膨胀操作。

Region:要进行膨胀操作的区域。

RegionDilation:膨胀后获得的区域。

Radius:圆形结构元素的半径。

(2)dilation_rectangle(Region,RegionDilation,Width,Height)

作用:使用矩形结构元素对区域进行膨胀操作。

Region:要进行膨胀操作的区域。

RegionDilation:膨胀后获得的区域。

Width,Height:矩形结构元素的宽和高。

(3)dilationl(Region,StructElement,RegionDilation,Iterations)

作用:使用生成的结构元素对区域进行膨胀操作。

Region：要进行膨胀操作的区域。

StructElement：生成的结构元素。

RegionDilation：膨胀后获得的区域。

Iterations：迭代次数，即膨胀的次数。

（4）dilation2（Region，StructElement，RegionDilation，Row，Column，Iterations）

作用：使用生成的结构元素对区域进行膨胀操作（可设置参考点位置）。

Region：要进行膨胀操作的区域。

StructElement：生成的结构元素。

RegionDilation：膨胀后获得的区域。

Row，Column：设置参考点位置，一般即原点位置。

Iterations：迭代次数，即膨胀的次数。

dilation2 与 dilation1 的对比类似于 erosion2 与 erosion1 的对比。

【例 6-2】 膨胀运算实例：

程序如下：

```
* 获取图片
read_6image(Image,'腐蚀膨胀.png')
* 灰度转化
rgb_to_gray(Image,GrayImage)
* 阈值分割
threshold(GrayImage,Region,100,255)
* 使用半径为 1 的圆形结构元素膨胀得到区域
dilation_circle(Region, RegionDilation, 3.5)
* 生成圆形区域
gen_circle(Circle, 270, 460, 70)
* 使用生成的结构元素膨胀得到区域
dilationl(Circle, Circle, RegionDilation1, 1)
* 使用圆形结构元素膨胀得到区域,可设置参考点位置
```

程序执行结果如图 6-5 所示。

（a）原图

（b）圆形结构膨胀

（c）生成结构膨胀

图 6-5 膨胀算例过程

6.2.3 开、闭运算

1.理论基础

开运算和闭运算都是由腐蚀和膨胀复合而成的。开运算是先腐蚀后膨胀，而闭运算

是先膨胀后腐蚀,开运算是 A 先被 B 腐蚀,然后再被 B 膨胀的结果。开运算能够使图像的轮廓变得光滑,还能使狭窄的连接断开及消除细毛刺。如图 6-6 所示。

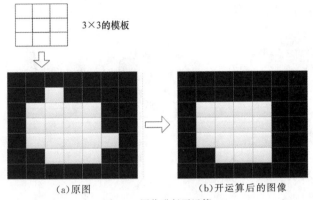

(a)原图　　　　　　　　(b)开运算后的图像

图 6-6　图像进行开运算

开运算还有一个简单的集合解释:$A-B$ 的边界由 B 中的点形成,当 B 在 A 的边界内侧滚动时,B 所能到达的 A 的边界最远点的集合就是开运算的区域,如图 6-7 所示。

A　　　　　B　　　　　$A\ominus B$　　　　　$A\circ B$

图 6-7　开运算示意图

闭操作就是对图像先膨胀,再腐蚀(灰度值先加后减)。闭操作的结果一般是可以将许多靠近的图块相连成为一个无突起的连通域。在我们的图像定位中,使用了闭操作去连接所有的字符小图块,然后形成了一个大致轮廓。图像进行闭运算如图 6-8 所示。

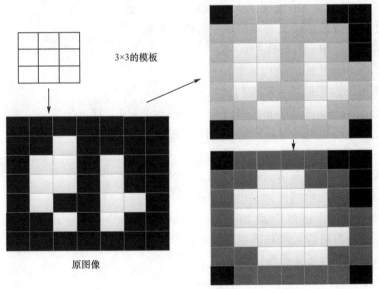

原图像

图 6-8　图像进行闭运算

闭运算有和开运算类似的集合解释,开运算和闭运算彼此对偶,因此闭运算是在外边界处理,处理过程中 B 始终不离开 A,此时 B 中的点所能达到的最靠近 A 的外边界的位置就构成了闭运算的区域,过程如图 6-9 所示。

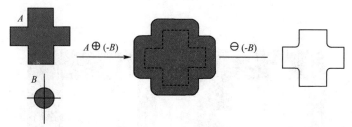

图 6-9　闭运算过程

2. 开、闭运算的 HALCON 实现

相关算子说明:

(1)opening(Region,StructElement,RegionOpening)

作用:使用生成的结构元素对区域进行开运算操作。

Region:要进行开运算操作的区域。

StructElement:生成的结构元素。

RegionOpening:开运算后获得的区域。

(2)opening_circle(Region,RegionOpening,Radius)

作用:使用圆形结构元素对区域进行开运算操作。

Region:要进行开运算操作的区域。

RegionOpening:开运算后获得的区域。

Radius:圆形结构元素的半径。

(3)closing(Region,StructElement,RegionClosing)

作用:使用生成的结构元素对区域进行闭运算操作。

Region:要进行闭运算操作的区域。

StructElement:生成的结构元素。

RegionClosing:闭运算后获得的区域。

(4)closing_rectangle1(Region,RegionClosing,Width,Height)

作用:使用矩形结构元素对区域进行闭运算操作。

Region:要进行闭运算操作的区域。

RegionClosing:闭运算后获得的区域。

Width,Height:矩形结构元素的宽和高。

(5)opening_rectangle1(Region,RegionOpening,Width,Height)

作用:使用矩形结构元素对区域进行开运算操作。

Region:要进行开运算操作的区域。

RegionOpening:开运算后获得的区域。

Width,Height:矩形结构元素的宽和高。

【例 6-3】 开运算实例。程序如下：

```
* 读取图片
read_6image(tupian,'开运算.png')
* 灰度转化
rgb1_to_gray (Image, GrayImage)
* 阈值处理
threshold(letters, Region, 0, 120)
* 连通域处理
connection(Region,ConnectedRegions)
* 选择 5 500~6 200 的区域
select_shape (ConnectedRegions, SelectedRegions, 'area', 'and', 5500, 6200)
* 区域进行腐蚀操作
erosion_circle (SelectedRegions, RegionErosion,5)
* 使用生成的结构元素对区域进行开运算,保留左边区域,右边区域腐蚀掉
opening (RegionErosion, RegionErosion, RegionOpening)
* 用圆形结构进行开运算操作
opening_circle (RegionOpening, RegionOpening1,5)
* 显示结果
dev_display (RegionOpening1)
```

程序执行结果如图 6-10 所示。

　　(a)原图　　　　　　　　(b)选择区域后　　　　　　　　(c)开运算后

图 6-10　开运算实例

【例 6-4】 闭运算实例

程序如下：

```
* 读取图片
read_6image(tupian,'闭运算.png')
* 灰度转化
rgb1_to_gray (Image, GrayImage)
* 阈值处理
threshold(letters, Region, 0, 120)
* 连通域处理
connection(Region,ConnectedRegions)
* 选择 5 500~6 200 的区域
select_shape (ConnectedRegions, SelectedRegions, 'area', 'and', 5500, 6200)
* 区域进行腐蚀操作
```

```
erosion_circle（SelectedRegions，RegionErosion，5）
＊使用生成的结构元素对区域进行闭运算
closing（RegionErosion，RegionErosion，RegionClosing）
＊用圆形结构进行闭运算操作
closing_circle（RegionClosing，RegionClosing1，3.5）
＊显示结果
dev_display（RegionClosing1）
```

程序执行结果如图 6-11 所示。

（a）原图　　　　　　　　　　（b）选择区域后　　　　　　　　　　（c）闭运算后

图 6-11　闭运算实例

6.3　二值图像的形态学应用

6.3.1　边界提取

1.理论基础

要在二值图像中提取物体的边界,容易想到的一个方法是将所有物体内部的点删除(设置为背景色)。逐行扫描原图像时如果发现一个黑点的 8 邻域都是黑点,那么该点为内部点,对于内部点需要在目标图像上将它删除,这相当于采用一个 3×3 的结构元素对原图像进行腐蚀,只有那些 8 邻域都是黑点的内部点被保存,再用原图像减去腐蚀后的图像,这样就删除了这些内部点,留下了边界。边界提取过程如图 6-12 所示。

腐蚀和膨胀最有利的应用是计算区域的边界。计算出轮廓的真实边界需要复杂的算法,但是计算出一个边界的近似值便非常容易。如果计算内边界,只需要对区域进行适当的腐蚀,然后从原区域减去腐蚀后的区域,HALCON 直接对区域使用 boundary 算子处理也能够提取区域边界。

2.边界提取的 HALCON 实现

相关算子说明:

boundary（Region，RegionBorder，BoundaryType）

作用:求取区域的边界。

Region:想要进行边界提取的区域。

RegionBorder:边界提取后获得的边界区域。

BoundaryType:边界提取的类型。'inner'表示内边界;'inner filled'表示内边界填充;'outer'表示外边界。

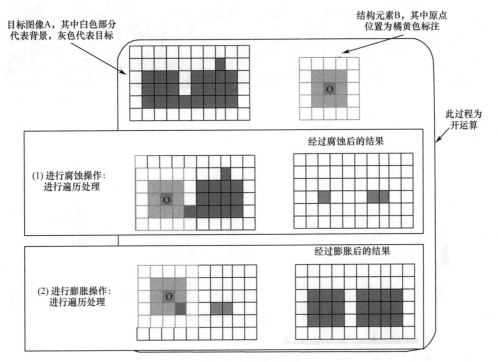

图 6-12　边界提取过程

【例 6-5】　边界提取实例。

程序如下：

```
* 读取图片
read_6image(Image,'边界提取.jpg')
* 灰度转化
rgbl_to_gray(Image, GrayImage)
* 阈值处理
threshold (GrayImage，Region，158，255)
* 连通域处理
connection (Region，ConnectedRegions)
* 输出要选择的区域
select_shape_std (ConnectedRegions，SelectedRegions，'max_area'，70)
* 原区域减腐蚀后区域得到的区域边界(腐蚀半径为 3.5)
erosion_circle (SelectedRegions，RegionErosion，3.5)
* 计算两个区域的交集
difference (SelectedRegions，RegionErosion，RegionDifference)
* 使用 boundary 算子提取区域边界
boundary (RegionDifference，RegionBorder，'inner')
```

程序执行结果如图 6-13 所示。

图 6-13　边界提取

6.3.2　孔洞填充

1.理论基础

一个孔洞可以定义为由前景像素相连接的边界所包围的背景区域。

本节针对填充图像的孔洞介绍一种基于集合膨胀、求补集和交集的算法。A 表示一个集合。其元素是 8 连通的边界,每个边界包围一个背景区域(一个孔洞),给定每一个孔洞中一个点,然后从该点开始填充整个边界包围的区域,即

$$X_k = (X_{k-1} \oplus B) \bigcap A^c$$

其中,B 是结构元素,如果 $X = k-1$,则算法在第 k 步迭代结束,集合 X 包含了所有被填充的孔洞。X 和 A 的并集包含了所有填充的孔洞及这个孔洞的边界。

2.孔洞填充的实现

相关算子说明:

(1)fill_up(Region,RegionFillUp)

作用:孔洞填充。

Region:需要进行填充的区域。

RegionFillUp:填充后获得的区域。

(2)fill_up_shape(Region,RegionFillUp,Feature,Min,Max)

作用:填充具有某个形状特征的孔洞区域。

Region:需要填充的区域。

RegionFillUp:填充后得到的区域。

Feature:形状特征。可选参数为 'area'、'compactness'、'convexity'、'anisometry'、'phi'、'ra'、'rb'、'inner_circle'、'outer_circle'。

Min,Max:形状特征的最小值与最大值。

【例 6-6】　孔洞填充实例

程序如下:

```
* 读取图片
read_6image(Caltab,'孔制填充.png')
* 灰度转化
rgb1_to_gray (Image, GrayImage)
* 阈值处理
threshold(Caltab, Region，65，85)
* 孔洞填充
fill_up(Region,RegionFillUp)
```

```
* 显示结果
dev_display(RegionFillUp)
```

程序执行结果如图 6-14 所示：

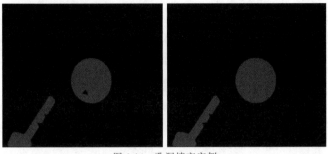

图 6-14　孔洞填充实例

6.3.3　骨架

1.理论基础

"骨架"是指一幅图像的骨骼部分,它描述物体的几何形状和拓扑结构。计算骨架的过程一般称为"细化"或"骨架化",在包括文字识别、工业零件形状识别及印刷电路板自动检测在内的很多应用中。细化过程都发挥着关键作用,二值图像 A 的形态学骨架可以通过选定合适的结构元素 B,对 A 进行连续腐蚀和开运算求得。设 $S(A)$ 表示 A 的骨架,则求图像 A 的骨架的表达式为

$$S(A)=S_k(A)$$
$$S(A)=(A\Theta kB)-(A\Theta kB)\degree B$$

其中,$S(A)$ 是 A 的第 η 个骨架子集。

设 K 是 $(A\Theta kB)$ 运算将 A 腐蚀成空集前的最后一次迭代次数,即

$$K=\max\{n|A\Theta kB\neq\Omega\}$$

$A\Theta kB$ 表示连续 k 次用 B 对 A 进行腐蚀,如图 6-15 所示。

$$(A\Theta kB)=(\cdots((A\Theta B)\Theta B)\Theta\cdots)\Theta B$$

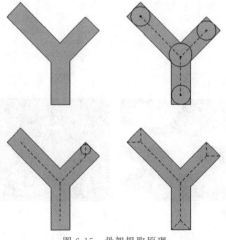

图 6-15　骨架提取原理

2. 骨架的 HALCON 实现

相关算子说明：

（1）skeleton（Region，Skeleton）

作用：获得区域的骨架。

Region：要进行骨架运算的区域。

Skeleton：骨架处理后得到的区域。

（2）junctions_skeleton（Region，EndPoints，JuncPoints）

作用：获得骨架区域的交叉点与端点。

Region：骨架处理后得到的区域。

EndPoints：骨架的端点区域。

JuncPoints：骨架的交叉点区域。

【例 6-7】 骨架提取实例

程序如下：

```
* 读取图片
read_6image (Image，'图片/32.png')
* 灰度转化
rgb1_to_gray (Image，GrayImage)
* 阈值处理
threshold (GrayImage，Region，100，255)
* 连通域处理
connection (Region，ConnectedRegions)
* 特征选择
select_shape (ConnectedRegions，SelectedRegions，'area'，'and'，1200,15000)
* 获得区域的骨架
skeleton(SelectedRegions，Skeleton)
* 显示窗口
dev_clear_window ()
* 设置窗口输出颜色
dev_set_color ('red')
* 显示结果
dev_display (Skeleton)
```

程序执行结果如图 6-16 所示：

（a）原图

（b）骨架图

图 6-16 骨架实例

6.3.4　Blob 分析

1.理论基础

在 HALCON 中,Blob 是指一个提取得到的 Region,是指对该二值区域进行面积、周长、重心等特征的分析过程。它是对图像中相同像素的连通域进行分析,该连通域称为 Blob。

Blob 分析包含的图像处理技术如下:

(1)图像分割。

(2)形态学操作。

(3)连通性分析。

(4)特征值计算。

(5)场景描述。

Blob 分析主要适用于以下图像:

(1)二维目标图像。

(2)高对比度图像。

(3)场景简单图像。

2.Blob 分析相关算子

(1)图像获取相关算子

read_6image;read_sequence;read_region;read_region;read_region。

(2)图像分割相关算子

partition_dynamic;auto_threshold;bin_threshold;char_threshold;dyn_threshold;fast_threshold;threshold;var_threshold;binary_threshold 等。

(3)形态学处理相关算子

Connection;select_shape;erosion;dilation;opening;closing;opening_circle;closing_circle;opening_rectangle1;closing_rectangle1;difference;intersection;union1;shaps_trans;fill_up;boundary;skeleton;top_hat;bottom_hat;hit_or_miss。

(4)提取特征相关算子

area_center;smallest_rectangle1;smallest_rectangle2;compactness;eccentricity;elliptic_axis;area_center_gray;intensity;min_max_gray。

3.Blob 分析流程

Blob 分析的主要流程包括获取图像、提取 Blob 和 Blob 分析三步。Blob 分析流程如图 6-17 所示。

对获取的图像进行分割(图像分割部分见第 5 章),分割之后往往需要对区域做进一步形态学处理。

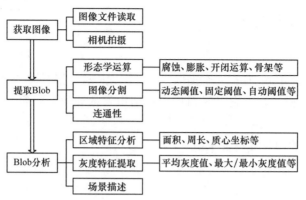

图 6-17　Blob 分析流程

4. 相关实例

【例 6-8】 Blob 分析例程

程序如下：

```
* 读取图片
read_6image(Image, 'blob . png')
* 阈值处理
threshold (Image, Region, 0, 100)
* 使用圆形结构元素对区域进行膨胀操作
dilation_circle (Region, RegionDilation, 3.5)
* 腐蚀处理
erosion_circle (RegionDilation, RegionErosion, 3.5)
* 裁出区域
reduce_domain (Image, RegionErosion, ImageReduced)
* 亚像素边缘
edges_sub_pix (ImageReduced, Edges, 'canny', 1, 20, 40)
* 基于特征选择轮廓
select_contours_xld (Edges, SelectedContours, 'contour_length', 0.5, 200, −0.5, 0.5)
* 显示结果
dev_display (SelectedContours)
```

程序执行结果如图 6-18 所示：

　　(a)原图　　　　　　　　(b)Blob 分析之一　　　　　　(c)Blob 分析之二

图 6-18　Blob 分析实例

6.4 案例应用:YUMI 协作机器人视觉分拣系统设计

随着人工智能和智能制造在自动化生产线的广泛应用,无人化、智能化为其提供了有力的技术支撑。传统上,自动分拣产线多采用电气控制或传感器融合技术,存在技术路线长、维护复杂等缺点。本书对不同大小和颜色的工件进行分拣,采用柔性好、灵活度高的ABB YUMI 协作机器人为运控载体,基于 Halcon 的机器视觉识别算法平台,重点研究协作机器人正运动学算法求解,工件实时采集、数字图像处理、结果输出及与机器人通信实现工件分拣等内容,经视觉验证,论证了机械系统、视觉系统与机器人控制系统设计的可行性,为双臂协作机器人机器视觉分拣系统的设计与应用提供了重要的设计支撑。

6.4.1 系统组成与工作原理

1. 系统组成

基于机器视觉的 YUMI 机器人分拣系统主要由 YUMI 双臂机器人工作站、工件输送装置、视觉采集-识别-通信平台和料仓组成,其中 YUMI 双臂机器人工作站包括本体、控制器和示教器,工件输送装置与料仓装配便于分拣后的工件收集,系统结构如图 6-19所示。分拣工作时主要技术参数见表 6-2。

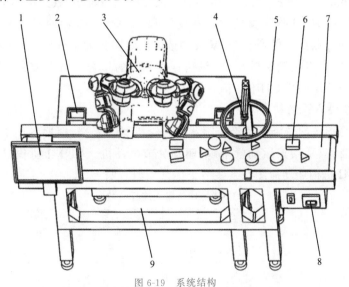

图 6-19 系统结构

1-视觉处理系统显示装置;2-料仓;3-YUMI 双臂机器人本体;4-CCD 相机;

5-环形光源;6-工件;7-输送带;8-控制开关;9-机器人控制器

表 6-2 主要技术参数

指标	工件尺寸/mm			相机像素	YUMI 旋转角度/(°)						
	方形	圆形	三角形		轴 1	轴 2	轴 3	轴 4	轴 5	轴 6	轴 7
参数	30×30×30	30×30	45×30	13 000	−168.5° ~168.5°	−143.5° ~43.5°	−123.5° ~80.0°	−290.0° ~290.0°	−88.0° ~138.0°	−229.0° ~229.0°	−168.5° ~168.5°

2. 系统工作原理

本系统的设计是基于机器视觉的数字图像处理和 YUMI 机器人控制器之间的通信配合完成分拣作业的。皮带输送装置将不同颜色和形状的工件送至视觉检测平台采集区域,经图像处理的技术路线将结果信息传输给 YUMI 机器人控制器,使机器人的末端调用对应程序吸取工件,移至指定的料仓,双臂机器人可同时工作,工作期间无停顿,系统工作原理如图 6-20 所示。

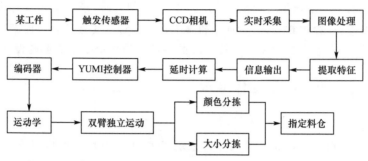

图 6-20　系统工作原理

上述环节中,图像采集前需要调整好光源和相机目标区域一致,消除因输送带干扰影响工件的拍照效果,工件经过触发光电传感器使相机拍照时,帧数频率小于输送带运动频率。图像处理时将 RGB 图灰度转化成灰度图和 HSV 图,能够便于颜色判别和提取特征。特征提取的重点是从得到的 HSV 图中选取比较明显的灰度图,通过阈值分割后,提取轮廓求取圆度,难点是轮廓的拟合,包括直线和圆的拟合。将求取的圆度参数输出与 IF 函数对比,匹配出训练集的唯一值。

3. YUMI 机器人正运动学求解

本设计是将图像的位姿信息经控制器发送给机器人末端,根据各关节变换矩阵求解末端位置和姿态,故采用正运动学求解,驱动关节电动机。YUMI 协作机器人连杆参数见表 6-3、YUMI 机构运动简图及各关节坐标系如图 6-21 所示。

表 6-3　　　　　　　　　　　　YUMI 协作机器人连杆参数

轴 i	a_i/mm	α_i/(°)	d_i/mm	θ_i/(°)	关节范围/mm
1	0	0	166	0	±168.5
3	0	−90	292	0	±168.5
4	40.5	90	0	0	−123.5~80
5	0	90	265	0	±290
6	0	−90	0	0	−88~138
7	0	90	36	0	±229

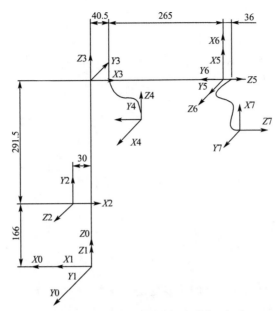

图 6-21 YUMI 机构运动简图及各关节坐标系

正向运动学方程可以表示为

$$T_7^0 = T_1^0 T_2^1 T_3^2 T_4^3 T_5^4 T_6^5 T_7^6 = \begin{pmatrix} n_x & o_x & a_x & p_x \\ n_y & o_y & a_y & p_y \\ n_z & o_z & a_z & p_z \\ 0 & 0 & 0 & 1 \end{pmatrix}$$

式中　T_7^0——机器人末端位姿矩阵；

　　　　A_{i+1}^i——关节 i 到关节 $i+1$ 的位姿变换矩阵；

　　　　n——X 轴的方向的向量；

　　　　o——Y 轴的方向的向量；

　　　　a——Z 轴的方向的向量。

连杆变换通式为

$$A_i = \text{Rot}(z, \theta_i) * \text{Trans}(0, 0, D_i) * \text{Trans}(a_i, 0, 0) * \text{Rot}(X, a_i) = $$
$$\begin{pmatrix} \cos\theta_i & -\sin\theta_i & 0 & \alpha_i \\ \sin\theta_i\cos\alpha_i & \cos\theta_i & -\sin\alpha_i & -d_i\sin\alpha_i \\ \sin\theta_i\sin\alpha_i & \cos\theta_i & \cos\alpha_i & d_i\cos\alpha_i \\ 0 & 0 & 0 & 1 \end{pmatrix}$$

式中　A_i——关节 i 的位姿变换矩阵；

　　　　Rot——旋转算子；

　　　　Trans——平移算子。

各关节位姿变换矩阵为

$$
{}_1^0T^l=\begin{bmatrix}1&0&0&0\\0&1&0&0\\0&0&1&d_1\\0&0&0&1\end{bmatrix},{}_2^1T^l=\begin{bmatrix}1&0&0&0\\0&0&1&0\\0&-1&0&0\\0&0&0&1\end{bmatrix},{}_3^2T^l=\begin{bmatrix}1&0&0&0\\0&0&1&d_3\\0&-1&0&0\\0&0&0&1\end{bmatrix},
$$

$$
{}_4^3T^l=\begin{bmatrix}1&0&0&a_4\\0&0&-1&0\\0&1&0&0\\0&0&0&1\end{bmatrix},{}_5^4T^l=\begin{bmatrix}1&0&0&0\\0&0&-1&-d_5\\0&1&0&0\\0&0&0&1\end{bmatrix},{}_6^5T^l=\begin{bmatrix}1&0&0&0\\0&0&1&0\\0&-1&0&0\\0&0&0&1\end{bmatrix},
$$

$$
{}_7^6T^l=\begin{bmatrix}1&0&0&0\\0&0&-1&-d_7\\0&1&0&0\\0&0&0&1\end{bmatrix}
$$

同理,建立右机械臂相邻关节的位姿变换矩阵为

$$
{}_1^0T^r=\begin{bmatrix}1&0&0&0\\0&1&0&0\\0&0&1&d_1\\0&0&0&1\end{bmatrix},{}_2^1T^r=\begin{bmatrix}1&0&0&0\\0&0&1&0\\0&-1&0&0\\0&0&0&1\end{bmatrix},{}_3^2T^r=\begin{bmatrix}1&0&0&0\\0&0&1&d_3\\0&-1&0&0\\0&0&0&1\end{bmatrix},
$$

$$
{}_4^3T^r=\begin{bmatrix}1&0&0&a_4\\0&0&-1&0\\0&1&0&0\\0&0&0&1\end{bmatrix},{}_5^4T^r=\begin{bmatrix}1&0&0&0\\0&0&-1&-d_5\\0&1&0&0\\0&0&0&1\end{bmatrix},{}_6^5T^r=\begin{bmatrix}1&0&0&0\\0&0&1&0\\0&-1&0&0\\0&0&0&1\end{bmatrix},
$$

$$
{}_7^6T^r=\begin{bmatrix}1&0&0&0\\0&0&-1&-d_7\\0&1&0&0\\0&0&0&1\end{bmatrix}
$$

运用公式 $T_7^0=T_1^0T_2^1T_3^2T_4^3T_5^4T_6^5T_7^6$ 可求解末端坐标系相对于基坐标的变换矩阵。运动学正解关系为

$$
f(q)=x(q)
$$

式中　x——末端位置;

　　　q——关节角。

6.4.2　视觉系统与 Blob 分析

1.视觉系统与工作原理

本设计视觉系统由图像采集－图像处理－YUMI 机器人－通信传输模块组成。图像采集由光源、镜头和相机组成,其中光源采用环形白色光、相机像素为 1.3 万;图像处理系统采用 Halcon 机器视觉处理平台,将处理结果通过 C♯混合编程转换至上位机系统,

进行工件分拣实时显示与分析,如图 6-22 所示。

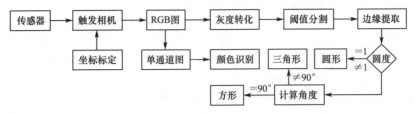

图 6-22 视觉处理流程

工作时,传送带将不同颜色和大小的产品经过光电传感器位置时,触发传感器信号输出,相机实时拍照,将彩色图像发至 Halcon 处理平台,经过 RGB 灰度值转化、HSV 转换、阈值分割、信息显示等特征提取过程,提取产品的形状和颜色信息,经过 Halcon 图像处理算法后,转换为 C♯编程的上位机平台,同时计算拍照与机器人末端位姿动作时的延时,输出信息给机器人控制器执行抓取和分拣动作,将指定颜色和大小的产品分拣至对应料仓。

2.图像处理与 Blob 分析

(1)图像采集

图像采集以 Halcon 中图形窗口左上角定点为零点,横向和纵向两个维度分别采集,根据一维采样定理,一维信号 $g(t)$ 的最大频率为 w,进而获取采样结果 $g(i,T)$,即

$$g(t) = \sum_{i=-\infty}^{\infty} g(iT)s(t-iT)$$

$$s(t) = \frac{\sin(2\pi wt)}{2\pi wt}$$

式中 T——采样时间。

(2)图像处理

采集到的工件为 RGB 彩色图像,需要预处理成单通道灰度图像,然后用尽可能小的矩形覆盖工件区域,设置阈值分割的灰度值范围后,选择连通域和形状,与原图求差后即可求解出仅含工件区域的图像。

(3)特征提取

将获得的区域进行亚像素边缘提取,平滑系数为 1,通过边缘拟合,选定多种特征要求的 XLD 轮廓,检测其圆度即可判定形状特征。

(4)Blob 信息输出

由于工件的随机性,需要针对 6 种情况(2 类颜色、3 类形状)进行逐一判别,输出结果。运行过程如图 6-23 所示,可正确读取并显示结果信息。

(a)相机获取图　　(b)灰度转化　　(c)特征筛选　　(d)结果显示

图 6-23 视觉系统下的产品图像处理流程

1.说明腐蚀、膨胀、开运算与闭运算的特点,以及它们对图像处理的作用。

2.简述 Blob 分析的主要流程和具体过程。

3.如图 6-24 所示,采用形态学操作提取该字样的边缘。

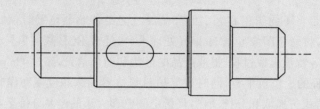

图 6-24 习题六-3

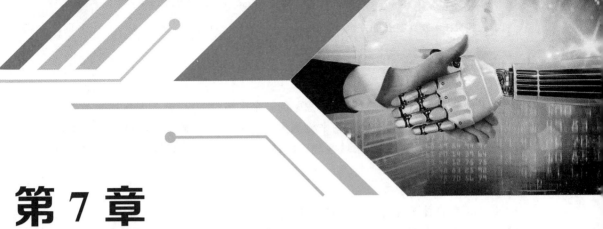

第7章
特征提取与OCR识别

微课7

在机器学习、模式识别和图像处理中,特征提取是从初始的一组测量数据开始,并旨在建立提供信息和非冗余的派生值(特征),从而促进后续的学习和泛化步骤,并且在某些情况下带来更好的可解释性。特征提取与降维有关。特征的好坏对泛化能力有至关重要的影响。

7.1 特征提取概述

7.1.1 含义

特征提取是指使用计算机提取图像中属于特征性的信息的方法及过程。

7.1.2 类型

要实现图像的特征提取,首先要明确的就是什么是图像的特征。确认图片的所有特征后,就要找出图片的可提取特征。这里的可提取特征应该是提取方法简单、可直观表达需要信息的特征。可以对图像特征按如下几个方面进行分类:

(1)边缘

边缘是组成两个图像区域之间边界(或边缘)的像素。一般情况下,一个边缘的形状可以是任意的,还可以包括交叉点。在实践中,边缘一般被定义为图像中拥有大的梯度的点组成的子集。一些常用的算法还会把梯度高的点联系起来,构成一个更完善的边缘的描写。这些算法也可能对边缘提出一些限制。局部地看边缘是一维结构。

(2)角

角是图像中点似的特征,在局部它有二维结构。早期的算法首先进行边缘检测,然后分析边缘的走向来寻找边缘突然转向(角)。后来发展的算法不再需要边缘检测这个步骤,而是可以直接在图像梯度中寻找高度曲率。但是人们发现这样有时可以在图像中本来没有角的地方发现具有同角一样的特征的区域。

(3)区域

与角不同的是,区域描写的是图像中的一个区域性的结构,但是区域也可能仅由一个像素组成,因此区域检测也可以用来检测角。一个区域检测器能够检测图像中对于角检测器来说过于平滑的区域。区域检测可以被认为是把一幅图像缩小,然后在缩小的图像上进行角检测。

(4)脊

长条形的物体被称为脊。在实践中,脊可以被看作是代表对称轴的一维曲线,此外局部对于每个脊像素都有一个脊宽度。从灰梯度图像中提取脊要比提取边缘、角和区域困难。在空中摄影中往往使用脊检测来分辨道路,在医学图像中它被用来分辨血管。

7.2 基于区域的特征

区域特征是描述图像中局部区域的几何属性,如面积、中心等。

7.2.1 区域的面积和中心点

计算区域的面积和中心点坐标需要用到以下算子:

area_center(Regions, Area, Row, Column)

算子的详细参数如下:

Regions:输入参数,输入的区域。

Area:输出元组,每个独立区域的面积。

Row:输出元组,每个独立区域中心点的行 Y 坐标。

Column:输出元组,每个独立区域中心点的列 X 坐标。

如计算图 7-1 中的 ROI 区域的面积和中心点坐标。

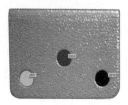

图 7-1　待求解区域

参考程序如下:

```
read_image(Image,'TZTQ')
*将图像转换为单通道灰度图
rgb1_to_gray(Image, GrayImage)
*创建矩形选区,选择感兴趣的部分
gen_rectangle1(Rectangle, 180, 83, 371, 522)
*输出感兴趣的区域
reduce_domain(GrayImage, Rectangle, ROI1)
*阈值分割区域
```

```
threshold (ROI1，Regions，0，95)
*分割后的区域,将不相连的区域连通为独立的区域
connection (Regions，Snowcity)
*计算所有不相连区域的面积和中心点坐标
area_center (Snowcity，Area，Row，Column )
*在窗口中显示面积信息
disp_message(200000，Area，'window'，Row，Column，'red'，'true')
```

7.2.2 封闭区域（孔洞或封闭的裂缝）的面积

提取一个区域中洞（封闭的裂缝）的面积算子如下：

```
area_holes(Regions，Area)
```

算子的详细参数如下：

Regions：输入参数，输入需要测量的区域。

Area：输出参数，输出该区域中孔/洞的总面积（数组）。如果没有则为 0。

如求解图 7-2 中封闭孔洞面积之和。

参考程序如下：

```
read_image (Image，'rings_and_nuts')
threshold (Image，Region，128，255)
*提取 Region 区域中洞的总面积
area_holes (Region，Area)
*在窗口中显示面积信息
disp_message (200000，'Size of enclosed area (holes)：+ Area + pixel'，'window'，12，12，'black'，'true')
```

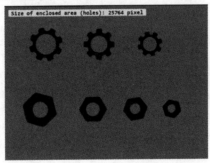

图 7-2　待求解区域

7.2.3 根据特征值选择区域

（1）根据要求的区域特征提取适应的区域

```
select_shape(Regions，SelectedRegions，Features，Operation，Min，Max)
```

算子的详细参数如下：

Regions：输入参数，输入需要测量的区域（数组）。

SelectedRegions：输出参数，输出符合的区域（数组），不符合的区域则不会显示在此。

Features：输入参数，输入要检测的特征。

Operation：单个特征的链接类型，默认值：'和'。

Min：特征的最小值。

Max：特征的最大值。

（2）选择彼此有某种关系的区域。

select_shape_std(Regions，SelectedRegions，Shape，Percent)

算子的详细参数如下：

Regions：输入参数，输入要检测的区域。

SelectedRegions：输出参数，输出符合的区域（数组），不符合的不会在此显示。

Shape：输入参数，输入要检测的形状特征。

Percent：输入参数，类似尺寸的百分比，范围在 0.0～100.0。

按面积要求输出图 7-3 中对应的区域。

图 7-3　待求解原图

```
read_image (Image，'fabrik')
* 区域生长分割出的 Regions
regiongrowing (Image，Regions，1，1，3，10)
dev_set_color ('red')
* Ra/Rb 长轴与短轴的比值在 0.95～1.00 的，输出区域 Snowcity-1
select_shape (Regions，Output-1，'convexity'，'and'，0.95，1)
dev_set_color('green')
* 区域的高度范围在 100～512 的，输出区域 Snowcity-2
select_shape(Regions，Output-2，'height'，'and'，100，512)
dev_set_color('blue')
* 面积大小在 1～100 的，输出区域 Snowcity-3
select_shape (Regions，Output-3，area，'and'，1，100)
```

输出结果如图 7-4 所示。

（a）Output-1　　　　　　　（b）Output-2　　　　　　　（c）Output-3

图 7-4　输出结果

7.2.4 根据特征值创建区域

（1）计算一个区域最大的内切圆

inner_circle(Regions，Row，Column，Radius)

算子的详细参数如下：

Regions：输入参数，输入的区域。

Row，Column：输出参数，输出最大内接圆的圆心坐标。

Radius：输出参数，该最大内接圆的半径。

（2）计算一个区域内部最大的矩形

inner_rectangle1(Regions，Row1，Column1，Row2，Column2)

（3）计算包围一个区域的最小圆的半径

smallest_circle(Regions，Row，Column，Radius)

（4）计算包围一个区域最小的水平矩形

smallest_rectangle1(Regions，Row1，Column1，Row2，Column2)

（5）计算包围一个区域最小任意方向摆放的矩形

smallest_rectangle2(Regions，Row，Column，Phi，Length1，Length2)

算子的详细参数如下：

Regions：输入参数，输入的区域。

Row，Column：输出参数，最小外接矩形的几何中心坐标。

Phi：输出参数，最小外接矩形的角度方向。

Length1：输出参数，输出长轴半径。

Length2：输出参数，输出短轴半径。

7.3 基于灰度值的特征

7.3.1 图像的区域灰度中心和面积

图像的灰度面积并不同于几何面积，几何面积是所有像素点的统计，即几何面积等于像素点的个数，灰度面积还要考虑图像的灰度，计算方式为

$$A = \sum_{(r,c)\in R} g(r,c)$$

其中，$g(r,c)$ 为图像灰度的函数；r 为图像的行；c 为图像的列。

从上式可以看出，图像的灰度面积是图像区域的灰度的连加，即所有灰度的和。

灰度面积的中心是灰度面积的一阶矩，即图像灰度的平均点。计算方式为

$$row = \frac{1}{A}\sum_{(r,c)\in R} r^1 c^0 g(r,c)$$

$$col = \frac{1}{A}\sum_{(r,c)\in R} r^0 c^1 g(r,c)$$

其中,A 为灰度面积;r 为图像的行坐标;c 为图像的列坐标;$g(r,c)$ 为图像灰度的函数;row 为区域灰度中心的行坐标;col 为区域灰度中心的列坐标。

函数原型:

area_center_gray(Regions,Image,Area,Row,Column)

详细参数如下:

Regions:输入的区域。

Image:输入的图像。

Area:输出的灰度面积。

Row:输出的灰度中心行坐标。

Column:输出的灰度中心列坐标。

函数原理:该算子同 area_center 类似,但是它将图像的灰度值也考虑在内,因此 area_center_gray 的面积计算的是灰度图像的灰度容量。它的重心是指灰度值的前两个标准矩。

7.3.2 区域灰度的最大值和最小值

区域灰度的最大值和最小值是统计这个区域中的最值,可以方便地算出区域的灰度值的范围。例如,有高亮的物体进入视野时,图像区域灰度的最大值和最小值会发生变化,因而灰度值的变化可以帮助识别是否有物体进入视野。

区域灰度最大值计算公式为

$$gMax = Max[g(r,c)](r,c \in R)$$
$$gMin = Mix[g(r,c)](r,c \in R)$$

在 HALCON 中,使用 min_max_gray 函数来计算区域灰度的最大值和最小值,其中参数如下:

(1)第一个参数 Regions 为输入的图像上的某个区域。

(2)第二个参数 Image 为输入的图像。

(3)第三个参数 Percent 为收缩的频率直方图的百分比。

(4)第四个参数 Min 为输出的区域灰度值最小值。

(5)第五个参数 Max 为输出的区域灰度值最大值。

(6)第六个参数 Range 为输出的区域灰度范围。

函数原型:

min_max_gray(Regions,Image,Percent,Min,Max,Range)

注:如果 Percent 是 50,Min=Max=Median,如果 Percent 是 0,为了提高运算速度将没有直方图被代入计算。

详细参数如下:

Regions(in):输入区域。

Image(in):灰度图像。

Percent(in):小于(大于)绝对最大(最小)值的分数。

Min(out)：最小灰度值。

Max(out)：最大灰度值。

Range(out)：最小值与最大值的差。

7.3.3　灰度平均值和方差

图像的灰度平均值是指灰度的平均水平。

平均方差是衡量一个样本波动大小的量，对图像来说，平均方差反应的是图像高频部分的大小。方差小，则图片看着较暗；方差大，则图片看着较亮。如图 7-5 所示。

图 7-5　灰度效果

函数原型：

intensity(Regions，Image，Mean，Deviation)

详细参数如下：

Regions：所需要计算特征的区域。

Image：灰度值图像。

Mean：区域的平均灰度值。

Deviation：区域内灰度值的方差。

灰度图像经常是在单个电磁波频谱（如可见光）内测量每个像素的亮度得到的。用于显示的灰度图像通常用每个采样像素 8 位的非线性尺度来保存，这样可以有 256 级灰度，这种精度刚刚能够避免可见的条带失真，并且易于编程。在医学图像与遥感图像这些技术应用中经常采用更多的级数以充分利用每个采样 10 位或 12 位的传感器分辨率，并且避免计算时的近似误差。

7.4　OCR 识别

7.4.1　OCR 识别概述

光学字符识别（Optical Character Recognition，OCR）是指电子设备（例如扫描仪或数码相机)检查纸上或者其他位置字符,通过检测暗、亮的模式确定其形状,然后用字符识别方法将形状翻译成计算机文字的过程。针对印刷体字符,采用光学的方式将需要识别的字符转换成为黑白点阵的图像文件,并通过识别软件将图像中的文字转换成文本格式,供文字处理软件进一步编辑加工的技术。OCR 识别的第一步就是对字符的特征提取。本章通过对 OCR 技术的介绍,深化对图像处理中特征提取的学习。

目前文字识别应用已经是相当成熟了,常见的应用有汉王 OCR、百度 OCR、阿里OCR 等。其实生活中我们也应深有体会,OCR 技术正在改变着我们的生活。例如,一个手机 App 就能扫描名片、身份证、照片等,识别并提取出需要的文字等信息,如图 7-6 所示;汽车进入停车场、收费站等场所已无须人工登记,车牌识别技术可实现自动识别,如图 7-7 所示。这些都是基于 OCR 技术的应用。

图 7-6　扫描名片　　　　　　　　　　图 7-7　识别车牌

7.4.2　OCR 识别流程和指标

(1)OCR 识别流程

典型 OCR 的识别流程如图 7-8 所示。

图 7-8　典型 OCR 的识别流程

(2)判断 OCR 识别的主要指标

对一个 OCR 系统来说,衡量其性能好坏的指标有准确率、拒识率、误识率、识别速度、用户界面的友好性、产品的稳定性、易用性及可行性等。如何除错或利用辅助信息提高识别的正确率是 OCR 最重要的课题。

在传统 OCR 技术中,图像预处理通常是针对图像的成像问题进行修正。常见的预处理过程包括几何变换(透视、扭曲、旋转等)、畸变校正、去除模糊、图像增强和光线校正等。

7.4.3　OCR 条形码识别

(1)一维条形码

一维条形码只是在一个方向(一般是水平方向)表达信息,而在垂直方向则不表达任何信息。常用的一维条形码如下:

①EAN 商品条形码

EAN 商品条形码亦称"通用商品条形码"。它是国际通用的商品代码,是以直接向消费者销售的商品为对象,以单个商品为单位使用的条形码。该条形码是由国际物品编码协会制定,通用于各地,是国际上使用最广泛的一种商品条形码。如图 7-9 所示。

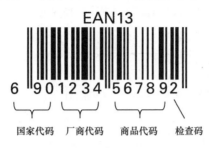

图 7-9　EAN 商品条形码

②UPC 条形码

UPC 条形码是美国统一代码委员会制定的一种商品条形码,主要用于美国和加拿大地区。如图 7-10 所示。

③Code39 条形码

Code39 条形码是条形码的一种,也被称为 3 of 9 code、USD-3 或者 LOGMARS,由于编制简单、能够对任意长度的数据进行编码、支持设备广泛等特性而被广泛采用。如图 7-11 所示。

图 7-10　UPC 条形码

图 7-11　Code39 条形码

各条形码应用领域和标识如图 7-12 所示。

图 7-12　各条形码应用领域和标识

（2）HALCON 中一维条形码的识别流程

HALCON 中一维条形码的识别流程，如图 7-13 所示。

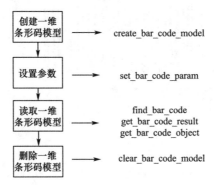

创建一维条形码模型	→ create_bar_code_model
设置参数	→ set_bar_code_param
读取一维条形码模型	→ find_bar_code get_bar_code_result get_bar_code_object
删除一维条形码模型	→ clear_bar_code_model

图 7-13　HALCON 中一维条形码的识别流程

第 1 步：模型初始化。

create_bar_code_model( )

get_bar_code_object

set_bar_code_param_specific( )

第 2 步：条码识别。

find_bar_code( )

第 3 步：结果处理。

get_bar_code_object( )

get_bar_code_param( )

get_bar_code_result( )

第 4 步：清除模型。

clear_bar_code_model( )

一维条形码识别结果如图 7-14 所示。

图 7-14　一维码识别结果

（3）二维条形码

二维条形码是在水平和垂直方向的二维空间存储信息。二维条形码具有信息量大、安全性强、保密性高（可加密）、识别率高、编码范围广等特点。如图 7-15 所示为常见的一维条形码和二维条形码类型。

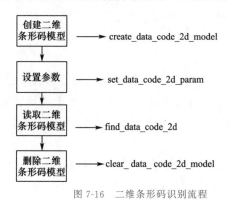

图 7-15 常见的一维条形码和二维条形码类型

①QR 码

QR 码是二维条形码的一种,QR 来自英文"Quick Response"的缩写,即快速反应的意思。QR 码与普通条形码相比可存储更多资料,亦无须像普通条形码一样在扫描时需要直线对准扫描器。

②PDF417 码

PDF417 码也是二维条形码。PDF417 码是一种高密度、高信息含量的便携式数据文件,是实现证件及卡片等高可靠性信息自动存储、携带并可用机器自动识读的理想手段。

③DM 码

DM 码是一种编码和解码的 DM 图像应用程序。

④MaxiCode 码

20 世纪 80 年代晚期,美国知名的 UPS(United Parcel Service)快递公司了解利用机器辨读资讯可有效改善作业效率、提高服务品质,进而研发的条形码。

(4)二维条形码识别流程

在 HALCON 中,二维条形码识别流程如图 7-16 所示。

```
┌──────────┐
│ 创建二维  │ ──────→ create_data_code_2d_model
│ 条形码模型 │
└──────────┘
     │
     ▼
┌──────────┐
│  设置参数  │ ──────→ set_data_code_2d_param
└──────────┘
     │
     ▼
┌──────────┐
│ 读取二维  │ ──────→ find_data_code_2d
│ 条形码模型 │
└──────────┘
     │
     ▼
┌──────────┐
│ 删除二维  │ ──────→ clear_data_code_2d_model
│ 条形码模型 │
└──────────┘
```

图 7-16 二维条形码识别流程

如图 7-17 所示为某二维条形码的识别结果。

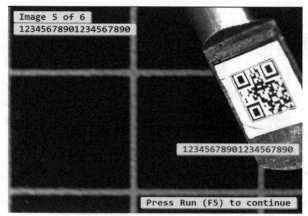

图 7-17　某二维条形码的识别结果

参考程序：

```
* 读取二维码
read_image (Image, 'D:/3-GB2312.png')
rgb1_to_gray (Image, GrayImage1)
* 创建二维码模型
create_data_code_2d_model ('QR Code', [], [], DataCodeHandle)
* 二维码识别
find_data_code_2d (GrayImage1,SymbolXLDs2,DataCodeHandle,'train','all',ResultHandles2,
DecodedDataStrings)
* 清除模型
clear_data_code_2d_model (DataCodeHandle2)
```

7.4.4　OCR 数字和字母识别

在 HALCON 中，OCR 识别首先要选择分类器，然后根据相关流程进行识别，识别包括数字、字母识别和中文汉字识别，其中数字和字母在 HALCON 中已有相应的训练库，汉字需要设计人员自行训练，形成训练样本库文件。

（1）分类器

分类器的作用是将目标对象指定给多个类别中的一个。做出分类的决策前，需要先了解不同的类别之间有什么共同特征，又有什么特征是某个类别独有的，这些特征可以通过分析样本对象的典型特征来获得。HALCON 主要包括 4 种分类器：

①MLP 分类器

MLP 分类器使用神经网络来推导能将类别区分开来的超平面。使用超平面进行分割时，如果只有两个类别，超平面会将各特征向量分为两类。如果类别的数量不止两个，就应选择与特征向量距离最大的那个超平面作为分类平面。神经网络可能是单层的，也可能是多层的。如果特征向量不是线性可分的，则可以使用更多层的神经网络。如图 7-18 所示。

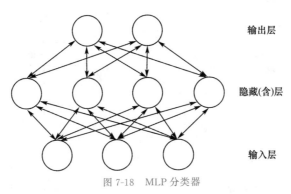

图 7-18　MLP 分类器

②SVM 分类器

SVM 表示支持向量机,其是在统计学习理论的基础上发展起来的新一代学习算法,它在文本分类、手写识别、图像分类、生物信息学等领域中有较好的应用。相比于容易过度拟合训练样本的人工神经网络而言,支持向量机对于未见过的测试样本具有更好的分类能力。

SVM 分类器的原理就是选中一条线或者一个超平面,将所有特征向量分为两个类别。如图 7-19 所示。

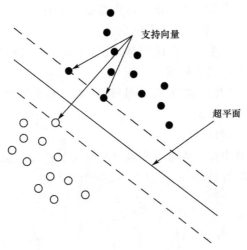

图 7-19　SVM 分类器

③GMM 分类器

GMM 分类器就是高斯混合模型分类器。高斯模型就是用高斯概率分布曲线,即正态分布曲线来量化概率的一种表达方式。其可以使用不止一条概率分布曲线,比如使用 k 条,表示特征向量的 k 种分类。GMM 分类器对于低维度的特征分类比较高效,用于一般特征分类和图像分割。其最典型的应用是图像分割和异常检测,尤其是异常检测,如果一个特征向量不属于任何一个提前训练过的分类,那么该特征将被拒绝。

④k-NN 分类器

k-NN 分类器是一个简单但是功能非常强大的分类器,能够存储所有训练集中的数据和分类,并且对于新的样本也能基于其邻近的训练数据进行分类。这里的 k 表示与待测目标最邻近的 k 个样本,这 k 个样本中的大多数样本属于哪一类,则待测目标就属于哪一类。如图 7-20 所示。

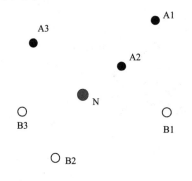

类别	距离
A1	2.2
A2	0.8
A3	1.6
B1	1.8
B2	1.5
B3	1.1

图 7-20 k-NN 分类器

在多数情况下,可以应用 MLP、SVM、GMM 和 k-NN 分类器进行分类。它们的特点如下:

①MLP 分类器:分类速度快,但是训练速度慢,对内存的要求低,支持多维特征空间,特别适合需要快速分类并且支持离线训练的场景,但不支持缺陷检测。

②SVM 分类器:分类检测的速度快,当向量维度低时速度最快,但比 MLP 分类器的检测速度慢,尽管其训练速度比 MLP 分类器快得多。其对内存的占用取决于样本的数量,若有大量的样本,则分类器会变得十分庞大。

③GMM 分类器:训练速度和检测速度都很快,特别是类别较少时速度非常快,支持异常检测,但不适用于高维度特征检测。

④k-NN 分类器:训练速度非常快,分类速度比 MLP 分类器慢,适合缺陷检测和多维度特征分类,但对内存的需求较高。

(2)OCR 数字和字母识别案例

下面以车牌为例,对其中的一串数字和英文字母模型进行识别。

①声明一个字符数组,并且将 0～9 和 A～Z 赋值此数组。

```
* 命名一个数组
CharH:= []
* 0 到 9 的循环,每次以 1 为单位增长
for i:= 0 to 9 by 1
    CharH:= chr(round(i + ord('0')))
endfor
* 10 到 35 的循环,每次以 1 为单位增长
for i:= 10 to 36-1 by 1
    CharH:= chr(round(i-10 + ord('A')))
endfor
* 命名
NumChar:= |CharH|
```

②声明一个训练文件. trf。

```
trainFile:= 'ZHANG-Num0-9A-Z. trf'
* 指定错误处理
```

```
dev_set_check ('give_error')
```
＊删除一个文件
```
delete_file (TrainFile)
```
＊指定错误处理
```
dev_set_check ('give_error')
```

③遍历每个文件夹和每个文件夹里面的字符图片,将每个文件夹与一个字符关联起来(这里每个文件夹里面的图片对应文件夹名"字符")。

```
for Indexfile：= 0 to |CharH|－1 by 1
    ＊列出目录中的所有文件
    list_files ('Z\\00Trainlate\\TRIAN20150909\\02pictureTrain_201510_26_V.0\\
blackwitewordfirstsub\\checkimage\\test\\char\\'＋CharH[Indexfile]、['files'、'follow_links']、
ImageFiles)
        ＊选择符合公式的每组元素
        tuple_regexp_select (ImageFiles，['(bmp|jpg)'，'ignore_case'], ImageFiles)
        for Index：= 0 to |ImageFiles|－1 by 1
            ＊读取字符图片
            read_image(ImageSige,ImageFiles[Index])
            ＊将字符添加到一个测试文件中
            append_ocr_trainf(ImageSige,ImageSige,CharH[Indexfile],TrainFile)
        endfor
endfor
```

④训练文件(选择 SVM 训练,获得最终模型文件.omc)。

```
＊查询哪些字符存储在测试文件中
read_ocr_trainf_names (TrainFile,CharacterNames,CharacterCount)
＊创建一个 SVM 分类器
create_ocr_class_svm (8,10,'constant','default',CharacterNames,'rbf',0.02,0.001,'one-
versus-one','normalization',0,OCRHandle)
＊训练样本
trainf_ocr_class_svm (OCRHandle,TrainFile,0.001,'default')
＊对最终模型文件命名
FontFile：= 'ZHANG-Num0-9A-Z_SVM.omc'
＊将训练结果写入文件中
write_ocr_class_svm(OCRHandle,FontFile)
＊释放资源
clear_ocr_class_svm (OCRHandle)
```

⑤用自己训练的.omc 文件识别图片。

```
＊从文件中读取基于 OCR 分级器的 SVM
read_ocr_class_svm('C:/Users/Public/Documents/MVTec/HALCON.11.0/examples/solution
_guide/zhang/ZHANG-Num0-9A-Z_SVM.omc',OCRHandle)
＊读取待识别的图片
read_image(ImageSige,'C:/Users/CQU/Desktop/截图 20160327192542.jpg')
```

＊调用 SVM 分类器将单个字符进行分类

do_ocr_single_class_svm(ImageSige,ImageSige,OCRHandle,1,Class)

＊清除 SVM 分类器释放资源

clear_ocr_class_svm（OCRHandle)

⑥检验无误即可使用.omc 文件。

识别结果如图 7-21 所示,中文识别部分在下一节讲解,故本结果不含中文识别。

图 7-21　车牌数字和字母识别

7.4.5　OCR 中文识别

OCR 数字和字母识别方法同样适用于中文的训练和识别,不同之处在于:因 HALCON 中无中文训练库样本文件,需要先创建中文.osc 训练库文件,然后调用此库文件进行识别。以下是 OCR 中文识别原理和过程。

（1）OCR 中文识别算法流程

＊读取要训练的图片

read_image（Image,'C:/Users/RedmiG/Desktop/车牌识别/鄂渝.png'）

＊命名一个要识别字的数组

name:＝['鄂','渝']

＊创建一个 SVM 分类器

create_ocr_class_svm（8,10,'constant','default',name,'rbf',0.02,0.05,'one-versus-all','normalization',10,OCRHandle)

＊选择要识别字符的位置

gen_rectangle1（Rectangle,147,93,213,437)

＊截取需要识别的字符

reduce_domain（Image,Rectangle,ImageReduced)

＊阈值分割提取字符

threshold（ImageReduced,Region,0,125)

＊闭运算

closing_circle（Region,RegionClosing,5)

＊连通域,将每个字分开

connection（RegionClosing,ConnectedRegions)

＊求交集

```
intersection (ConnectedRegions,Region,RegionIntersection)
*将字按照行顺序进行排序
sort_region (RegionIntersection,SortedRegions,'first_point','true','column')
*循环保存样本
for i:= 1 to |name| by 1
    select_obj (SortedRegions,Obj,i)
    if (i==1)
    write_ocr_trainf (Obj,Image,name[i−1],'train_ocr')
    else
    append_ocr_trainf (Obj,Image,name[i−1],'train_ocr')
    endif
endfor
*测试 SVM 分类器
trainf_ocr_class_svm (OCRHandle,'train_ocr',0.001,'default')
*将训练结果写入文件中
write_ocr_class_svm (OCRHandle,'ggvc.osc')
```

（2）OCR 识别结果与输出

①读入待训练的字图片，如图 7-22 所示。

图 7-22　待训练的字图片

②创建一个 SVM 分类器，运用 create_ocr_class_svm 算子。

③单独提取需要识别的字，运用 gen_rectangle1 算子、reduce_domain 算子、threshold 算子，如图 7-23 所示。

图 7-23　提取文字

④运用闭运算 closing_circle 算子，使每个文字部分都连在一起形成一个整体，如图 7-24 所示。

图 7-24　文字成整体

⑤使用连通域 connection 算子,将每个字成为独立整体,如图 7-25 所示。

图 7-25　每个文字独立

⑥运用 intersection 算子将连通域结果图像和阈值分割图像进行交集,使图片结果清晰,如图 7-26 所示。

图 7-26　交集后结果

⑦运用 sort_region 算子对字进行排序,如图 7-27 所示。

图 7-27　文字排序

⑧循环保存样本。

⑨以 SVM 分类器训练样本图像,使用 trainf_ocr_class_svm 算子。

⑩保存训练结果,使用 write_ocr_class_svm 算子。

根据上述中文创建的 .osc 库文件和识别流程,即可将上述完整车牌识别并显示出来,参考算法如下:

```
dev_close_window ( )
dev_open_window (0, 0, 800,600,'black', WindowHandle)
read_image (Image,'D:/车牌.jpg')
rgb1_to_gray (Image, GrayImage)
＊＊＊将车牌号找出来(通过阈值分割与筛选)
gen_rectangle1 (Rectangle, 1169, 1105, 1589, 2546)
reduce_domain (GrayImage, Rectangle, ImageReduced)
threshold (ImageReduced, Regions, 142, 242)
dilation_rectangle1 (Regions, RegionDilation, 1, 20)
connection (RegionDilation, ConnectedRegions)
select_shape (ConnectedRegions, SelectedRegions, 'area', 'and', 15000, 99999)
intersection (SelectedRegions, Regions, RegionIntersection)
invert_image (ImageReduced, ImageInvert)
＊＊＊识别并打印
```

```
* * 读取分类器
* 中文分类器
read_ocr_class_svm ('D:/01WUIT/教学/1 机器人视觉应用/应用案例/车牌字符识别(中文).
osc', OCRHandle1)
* 英文分类器(选用 DotPrint_0-9A-Z. omc 训练集)
read_ocr_class_mlp ('DotPrint_0-9A-Z. omc', OCRHandle2)
* * 查看有多少连通域
count_obj (RegionIntersection, Number1)
* * 排序
sort_region (RegionIntersection, SortedRegions, 'first_point', 'true', 'column')
name:=[]
for i := 1 to Number1 by 1
    if (i==1)
        do_ocr_multi_class_svm (SortedRegions, GrayImage, OCRHandle1, Class1)
        name:=[name,Class1[i-1]]
    else
        do_ocr_multi_class_mlp (SortedRegions, ImageInvert, OCRHandle2, Class2, Confidence1)
        name:=[name,Class2[i-1]]
    endif
endfor
disp_message (WindowHandle, name, 'window', 12, 12, 'black', 'true')
```

上述算法运行后,结果如图 7-28 所示,即表示已完成车牌所有字符的识别。

图 7-28 车牌识别结果

7.5 案例应用:基于机器视觉的垃圾分类技术

随着人工智能和机器人在自动化生产线的广泛应用,无人化、智能化为其提供了有力技术支撑。垃圾分类和再利用是当今亟待解决的社会问题,本案例结合机器视觉和机器人优势,基于 HALCON 的图像处理平台和 IRB1410 机器人的运控载体,对固体流通商品按国家分类标准进行分拣,包括机器人逆运动学算法、垃圾外包装条码实时采集、数字图像处理、数据传输及机器人分拣等内容。

7.5.1　系统组成与逆运动学求解

（1）系统组成

本设计主要由 IRB1410 机器人控制器、待分拣垃圾输送装置、视觉采集-识别-通信平台、MCGS 人机界面和三类垃圾收集箱（可回收垃圾、干垃圾和有害垃圾）组成，其中机器人工作站包括本体、控制器和示教器，如图 7-29 所示。

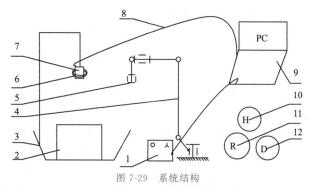

图 7-29　系统结构

1—IRB1410 机器人控制器；2—待分拣垃圾；3—输送线；4—本体；5—夹爪；6—相机；
7—光源；8—通信线；9—PC；10—有害垃圾收集箱；11—可回收垃圾收集箱；12—干垃圾收集箱

（2）工作原理

当输送装置将待分拣的流通商品垃圾送至视觉检测平台采集区域时，传感器发送采集信号，视觉系统获取外形轮廓图像、条码图像和位置信息，将识别的条形码与流通商品条形码数据库和垃圾分类训练集进行匹配。将位姿（位置和姿态）和分类结果信息传输给机器人控制器，根据逆运动学计算各关节参数，调用 PROC 程序抓取待分拣垃圾，放至对应垃圾箱，机器人可设置运行速率以适应待分拣垃圾节拍，运行期间无停顿。系统工作原理如图 7-30 所示。

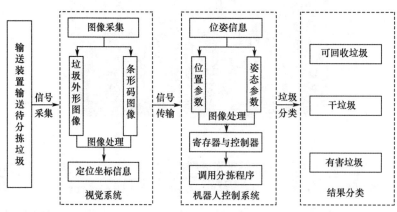

图 7-30　系统工作原理

7.5.2　视觉系统与图像处理

（1）视觉系统与工作原理

视觉系统由图像采集装置、图像处理系统、机器人分拣工作站和控制通信传输系统组成。图像采集由光源、镜头和相机组成,其中光源采用环形白色光、相机像素为 1.3 万;图像处理系统采用 HALCON 机器视觉处理平台,将处理结果通过 C♯混合编程转换至 VS2010 的 Winform 窗体,经 TCP/IP 通信至 MCGS 界面中予以显示和统计,如图 7-31 所示。

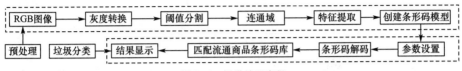

图 7-31　视觉处理流程

工作时,输送带将不同种类的流通商品经过光电传感器时,触发传感器信号输出,相机实时拍照,将图像发至 HALCON 处理平台,经过 RGB 灰度转换、HSV 转换、阈值分割、连通域闭运算、特征提取、数据库匹配解码、结果显示等过程,提取包装上外观和条形码信息,将求解算法以 C♯格式输出至 VS2010 窗体,同步至人机界面上显示类型并计数,即机器人完成分拣。

(2)特征提取与 OCR 识别

上述环节中,图像采集前需要调整好光源和相机目标区域一致,消除因输送带干扰拍照效果,拍照帧数大于输送带运动频率。将采集的 RGB 图灰度转换成灰度图和 HSV 图,显化颜色判别和特征提取。特征提取的重点是从得到的 HSV 图中选取比较明显的灰度图,通过阈值分割和连通域运算后,提取轮廓和条码区域,难点是轮廓的拟合与 EAN 条码解码,将求取的数值与已知数据库比对,匹配出训练集的最佳值。

①灰度转化。

$$g(x,y)T[f(x,y)]$$

式中　$f(x,y)$——待处理的数字图像;

　　　$g(x,y)$——处理后的数字图像;

　　　T——定义了 f 的操作。

②阈值分割(最大类间方差法)。

将灰度值为 $i \in [0, L-1]$ 的像素定义为 n_i,即

$$N = \sum_{i=0}^{L-1} n_i$$

各灰度值出现的概率为

$$p_i = \frac{n_i}{N}$$

对于 p_i 有

$$\sum_{i=0}^{L-1} p_i = 1$$

把图像像素用阈值 T 分成 A 和 B 两类,A 由灰度值在 $[0, T-1]$ 像素中组成,则 B 在 $[T, L-1]$ 像素中组成,概率分别为

$$P_0 = \sum_{i=0}^{T-1} p_i$$

$$P_1 = \sum_{i=T}^{L-1} p_i = 1 - P_0$$

用 u 表示整幅图像平均灰度，所属的区域 A、B 的平均灰度分别为

$$u_0 = \frac{1}{P_0} \sum_{i=0}^{T-1} i p_i = \frac{u(T)}{P_0}$$

$$u_1 = \frac{1}{P_1} \sum_{i=T}^{L-1} i p_i = \frac{u - u(T)}{1 - P_0}$$

$$u = \sum_{i=0}^{L-1} i p_i = \sum_{i=0}^{T-1} i p_i + \sum_{i=T}^{L-1} i p_i = P_0 u_0 + P_1 u_1$$

区域总方差为

$$\sigma_B^2 = P_0 (u_0 - u)^2 + P_1 (u_1 - u)^2$$
$$= P_0 P_1 (u_0 - u_1)^2$$

式中　N——灰度值；

　　　P——概率；

　　　u——平均灰度；

　　　σ_B^2——区域总方差。

让 T 在 $L-1$ 区间内取值，使 σ_B^2 最大的 T 即最佳区域阈值，图像处理效果最佳。

③Canny 边缘。

Canny 边缘检测算子是一种具有较好边缘检测性能的算子，利用高斯函数的一阶微分性质，把边缘检测问题转换为检测函数极大值的问题，能在噪声抑制和边缘检测之间取得较好的折中。

$$H(x, y) = \exp\left(-\frac{x^2 + y^2}{2\sigma^2}\right)$$

$$G(x, y) = f(x, y) * H(x, y)$$

式中　f——图像数据；

　　　H——省略系数的高斯函数；

　　　G——滤波后的平滑图像。

垃圾外包装的一维条形码图像处理过程如图 7-32 所示，即可正确读取并显示结果文本。

图 7-32　垃圾外包装的一维条形码图像处理过程

解码出来的文本结果与待分类的垃圾库文件进行匹配,即可求解出待分拣垃圾的类别,实现流通商品使用后的自动分拣。

习题七

1.说明特征提取的含义和三种特征的提取算法框架。

2.简述一维条形码和二维条形码识别的主要流程和具体过程。

3.在线找出一款含数字、字母和中文的车牌,按照 OCR 识别流程,完成三种字符的识别,并输出结果。

第8章
图像匹配

微课8

8.1 图像匹配概述

　　图像匹配是指将两个不同传感器对同一景物拍摄的两幅图像在空间上对准,以确定这两幅图像之间相对平移的过程。随着科学技术的进步,图像匹配技术已经成为信息图像处理领域中极为重要的基本技术。地球表面的山川、平原、森林河流、海湾、建筑物等构成了地表特征信息,这些信息一般不随时间和气候的变化而变化,也难以伪装和隐蔽。利用这些地表特征信息进行的导航方式称为图像匹配导航。预先将飞行器经过所需要的活动地域,通过大地测量、航空摄影、卫星摄影或已有的地形图等方法将地形数据(主要是地形位置和高度数据)制作成数字化地图,储存在飞行器的计算机中,这种地图称为原图。通过对影像内容、特征、结构、关系、纹理和灰度等的对应关系、相似性和一致性进行分析,寻求相似影像目标的方法。

　　图像匹配是指通过一定的匹配算法在两幅或多幅图像之间识别同名点,如二维图像匹配中通过比较目标区和搜索区中相同大小窗口的相关系数,取搜索区中相关系数最大的所对应的窗口中心点作为同名点。其实质是在基元相似性的条件下,运用匹配准则的最佳搜索问题。

8.2 图像匹配的分类

　　在数字图像处理领域,常常需要把不同的传感器或同一传感器在不同时间、不同成像条件下对同一景物获取的两幅或多幅图像进行比较,找到该组图像中的共有景物,或是根据已知模式到另一幅图像中寻找相应的模式,此过程称为图像匹配。简单地说,就是找出从一幅图像到另一幅图像中对应点的最佳变换。

　　图像匹配的方法主要分为基于灰度值相关的方法和特征提取方法。

　　基于灰度值相关的方法是直接对原图像和模板图像进行操作,通过区域(矩形、圆形或其他变形模板)属性(灰度信息或频域分析等)的比较来反映它们之间的相似性。归一化积相关函数作为一种相似性测度被广泛用于此类算法中,其数学统计模型,以及收敛速度、定位精度、误差估计等均有定量的分析和研究结果。因此,此类方法在图像匹配技术中占有重要地位。但是,此类方法普遍存在的缺陷是时间复杂度高、对图像尺寸敏感等。

特征提取方法一般涉及大量的几何与图像形态学计算,计算量大,没有一般模型规律可遵循,需要针对不同应用场合选择各自适合的特征。但是,所提取出的图像特征包含更高层的语义信息,大部分此类方法具有尺度不变性与仿射不变性,如兴趣点检测或在变换域上提取特征,特别是小波特征可实现图像的多尺度分解和由粗到精的匹配。

8.2.1　基于像素的匹配

图像的灰度值信息包含了图像记录的所有信息。基于图像像素灰度值的匹配是最基本的匹配算法。通常可以直接利用整幅图像的灰度信息来建立两幅图像之间的相似性度量,然后采用某种搜索方法寻找使相似性度量值最大或最小的变换模型的参数值。

灰度匹配的基本思想是,以统计的观点将图像看成是二维信号,采用统计相关的方法寻找信号间的相关匹配。利用两个信号的相关函数,评价它们的相似性以确定同名点。

灰度匹配通过利用某种相似性度量,如相关函数、协方差函数、差平方和、差绝对值和等测度极值,判定两幅图像中的对应关系。

最经典的灰度匹配法是归一化的灰度匹配法,其基本原理是逐像素地把一个以一定大小的实时图像窗口的灰度矩阵,与参考图像的所有可能的窗口灰度阵列,按某种相似性度量方法进行搜索比较,从理论上说就是采用图像相关技术。利用灰度信息匹配方法的缺点是计算量太大,因为使用场合一般都有一定的速度要求,所以这些方法很少被使用。现在已经提出了一些相关的快速算法,如幅度排序相关算法、FFT 相关算法和分层搜索的序列判断算法等。

1. 归一化积相关(NCC)灰度匹配

基于灰度相关的算法,具有不受比例因子误差影响和抗白噪声干扰能力强等优点;通过比较参考图像和输入图像在各个位置的相关系数,相关值最大的点就是最佳匹配位置。图像的归一化积相关灰度匹配算法实现的步骤描述如下:

(1)获得待匹配图像、模板图像数据的地址、存储的高度和宽度。

(2)建立一个目标图像指针,并分配内存,以保存匹配完成后的图像,将待匹配图像复制到目标图像中。

(3)逐个扫描原图像中的像素点所对应的模板子图,求出每一个像素点位置的归一化积相关函数值,找到图像中最大归一化函数值的位置,记录像素点的位置。

(4)将目标图像的所有像素值减半以便和原图区别,把模板图像复制到目标图像中像素点的位置。

2. 灰度匹配算子

(1)使用图像创建 NCC 匹配模板。

create_ncc_model(template 模板图像,numlevels 最高金字塔层数,anglestart 开始角度,angleextent 角度范围,anglestep 旋转角度步长,metric 物体极性选择,modelID 生成模板 ID)

(2)搜索 NCC 最佳匹配。

find_ncc_model(image 要搜索的图像,modelID 模板 ID,anglestart 与创建模板时相同或相近,angleend 与创建模板时相同或相近,minscore 最小分值,nummatches 匹配目标个数,maxoverlap 最大重叠比值,subpixel 是否亚像素级别,numlevel 金字塔层数,row,column,angle 匹配得到的坐标角度,score 匹配得到的分值)

(3)基于像素灰度的模板匹配。

```
read_image (Image,'D:/printer_chip_01')
get_image_size (Image,Width,Height)
dev_close_window ( )
dev_open_window_fit_image (Image,0,0,-1,-1,WindowHandle)
dev_update_window ('off')
* 获得圆形 region
gen_circle (Circle,200,200,100.5)
* 得到区域的中心坐标
area_center (Circle,Area,Row,Column)
* 缩小图像的域
reduce_domain (Image,Circle,ImageReduced)
* 创建 NCC 模板
create_ncc_model (ImageReduced,'auto',-0.39,0.79,'auto','use_polarity',ModelID)
dev_set_draw ('margin')
dev_display (Image)
dev_display (Circle)
stop( )
read_image (Image,'printer_chip/printer_chip_02')
* 在图像中寻找模板
find_ncc_model (Image,ModelID,-0.39,0.79,0.8,1,0.5,'true',0,Row1,Column1,
Angle,Score)
* 对匹配到中心的模板求取映射关系
vector_angle_to_rigid (Row,Column,0,Row1,Column1,0,HomMat2D)
* 根据映射关系求出对应图像范围
affine_trans_region (Circle,RegionAffineTrans,HomMat2D,'nearest_neighbor')
dev_display (Image)
dev_display (RegionAffineTrans)
stop( )
```

3. 序贯相似性检测算法匹配

图像匹配计算量大的原因在于搜索窗口在这个待匹配的图像上进行滑动,每滑动一次就要做一次匹配相关运算。除匹配点外在其他非匹配点上做的都是"无用功",从而导致图像匹配算法的计算量上升。因此,一旦发现模板所在参考位置为非匹配点,就丢弃不再计算,立即换到新的参考点计算,这样可以大大加速匹配过程。序贯相似性检测算法(SSDA)在待匹配图像的每个位置上以随机不重复的顺序选择像元,并累计模板和待匹配图像在该像元的灰度差,若累计值大于某一指定阈值,则说明该位置为非匹配位置,停止本次计算,进行下一个位置的测试,直到找到最佳匹配位置。SSDA 的判断阈值可以随着匹配运算的进行而不断地调整,能够反映出该次的匹配运算是否有可能给出一个超出预定阈值的结果。这样,就可以在每一次匹配运算的过程中随时检测该次匹配运算是否有继续进行下去的必要。SSDA 能很快丢弃不匹配点,减少花在不匹配点上的计算量,从而提高匹配速度,算法简单,易于实现。如图 8-1 所示。

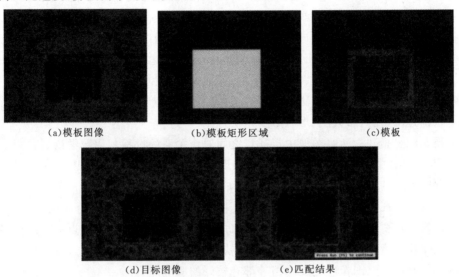

(a)模板图像　　　　　　　　(b)模板矩形区域　　　　　　　　(c)模板

(d)目标图像　　　　　　　　(e)匹配结果

图 8-1　灰度匹配结果

图像的序贯相似性检测算法实现步骤如下:

(1)获得待匹配图像、模板图像数据的地址、存储的高度和宽度。

(2)建立一个目标图像指针,并分配内存,以保存图像匹配后的图像,将待匹配图像复制到目标图像中。

(3)逐个扫描原图像中的像素点所对应的模板子图,求出每一个像素点位置的绝对误差值,当累加绝对误差值超过阈值时,停止累加,记录像素点的位置和累加次数。

(4)循环步骤(3),直到处理完原图像的全部像素点,累加次数最少的像素点为最佳匹配点。

(5)将目标图像所有像素值减半以便和原图区别,把模板图像复制到目标图像中像素点位置。

4. 序贯相关性检测算法的改进

(1)对于 $(N-M+1)$ 个参考点的选用顺序可以不逐点推进。

(2)在某参考点 (i,j) 处,对模板覆盖下的 M^2 个点对的计算顺序可用与 i,j 无关的随机方式计算误差,也可采用适应图像内容的方式,按模板中突出特征选取伪随机序列决定计算误差的先后顺序,以便及时放弃那些非匹配点。

(3)模板在 (i,j) 点得到的累积误差映射为上述曲面数值的方法,是否最佳还可以探索。

(4)不选用固定阈值 T_k,而改用单调增长的阈值序列,使非匹配点使用更少的计算就可以达到阈值而被丢弃,真实匹配点则需要更多次误差累计才能达到阈值。

8.2.2　基于特征的匹配

特征匹配是指通过分别提取两个或多个图像的特征(点、线、面等),对特征进行参数描述,然后运用所描述的参数来进行匹配的一种算法。基于特征的匹配所处理的图像一般包含的特征有颜色特征、纹理特征、形状特征、空间位置特征等。

特征匹配首先需要对图像进行预处理来提取其高层次的特征,然后建立两幅图像之间特征的匹配对应关系,通常使用的特征基元有点特征、边缘特征和区域特征。特征匹配需要用到许多诸如矩阵的运算、梯度的求解、傅立叶变换和泰勒展开等数学运算。

常用的特征提取与匹配方法有统计方法、几何法、模型法、信号处理法、边界特征法、傅氏形状描述法、几何参数法、形状不变矩法等。

特征匹配是指建立两幅图像中特征点之间对应关系的过程。用数学语言可以描述为两幅图像 A 和 B 中分别有 m 个和 n 个特征点(m 和 n 通常不相等),其中有 k 对点是两幅图像共同拥有的,则如何确定两幅图像中 k 对点,即特征匹配要解决的问题。

基于图像特征的匹配方法可以克服利用图像灰度信息进行匹配的缺点,由于图像的特征点比像素点要少很多,大大减少了匹配过程的计算量。同时,特征点的匹配度量值对位置的变化比较敏感,可以大大提高匹配的精度。而且,特征点的提取过程可以减少噪声的影响,对灰度变化、图像形变及遮挡等都有较好的适应能力。

1. 不变矩匹配法

在图像处理中,矩是一种统计特性,可以使用不同阶次的矩计算模板的位置方向和尺寸变换参数,由于高阶矩对噪声和变形非常敏感,因此在实际应用中通常选用低阶矩来实现图像匹配。

2. 距离变换匹配法

距离变换匹配法是一种常见的二值图像处理算法,用来计算图像中任意位置到最近边缘点的距离,也就是计算子图中的边缘点到模板图中最近的边缘点的距离。

3. 最小均方误差匹配法

最小均方误差匹配法是利用图像中的对应特征点,通过解特征点的变换方程来计算图像间的变换参数(角度、位移、缩放值)。如图 8-2 所示。

(a)模板图像　　　　　(b)模板　　　　　(c)目标图像　　　　(d)匹配结果

图 8-2　最小均方误差匹配法特征匹配结果

特征匹配算子:

(1)使用图像创建形状匹配模型。

create_shape_model(template 模板图像,numlevels 最高金字塔层数,anglestart 开始角度,angleextent 角度范围,anglestep 旋转角度步长,optimization 优化选项,是否减少

模板点数，metric 匹配度量极性选择，contrast 阈值或滞后阈值来表示对比度，mincontrast 最小对比度，modelID 生成模板 ID）

（2）获取形状模板的轮廓。

get_shape_contours（modelcontours 得到的轮廓 XLD，modelID 输入模板 ID，level 对应金字塔层数）

（3）寻找单个形状模板最佳匹配。

find_shape_model（image 要搜索的图像，modelID 模板 ID，anglestart 开始角度，angleextent 角度范围，minscore 最低分值，nummatches 匹配实例个数，maxoverlap 最大重叠，subpixel 是否亚像素精度，numlevels 金字塔层数，greediness 搜索速度，为 0 时安全但是速度慢，为 1 时速度快但不稳定，row，column，angle，score 获得的坐标角度缩放和匹配分值）

以下是基于形状特征的模板匹配参考算法：

```
dev_update_off ( )
dev_close_window ( )
read_image (Image,'printer_chip/printer_chip_01')
dev_open_window_fit_image (Image, 0, 0, −1, −1,WindowHandle)
set_display_font(WindowHandle, 16,'mono','true','false')
* 设置线的宽度
dev_set_line_width(3)
dev_display(Image)
stop( )
* 获得一个矩形 region
gen_rectangle1 (Rectangle,355,845,760,1020)
* 缩小图像的域
reduce_domain (Image,Rectangle,ImageReduced)
* 创建形状模板
create_shape_model(ImageReduced,'auto',0,360,'auto','auto', 'use_polarity','auto','auto',ModelID)
* 得到形状模板的轮廓
get_shape_model_contours(ModelContours,ModelID,1)
read_image (Image,'printer_chip/printer_chip_03')
* 在图像中寻找模板
find_shape_model (Image, ModelID, 0, 360, 0.3, 1, 0.5,'least_squares', 0,0.9, Row,Column,Angle,Score)
* 对得到的结果进行十字标记
gen_cross_contour_xld (Cross,Row,Column,6,rad(45))
dev_display (Image)
* 显示匹配结果
dev_display_shape_matching_results (ModelID,'red',Row,Column,Angle,1, 1,0)
```

```
* 设置颜色
dev_set_color('green')
dev_display(Cross)
* 清除模板内容
clear_shape_model(ModelID)
```

特征匹配与灰度匹配的区别:灰度匹配是基于像素的,特征匹配则是基于区域的,特征匹配在考虑像素灰度的同时还应考虑诸如空间整体特征、空间关系等因素。

特征是图像内容最抽象的描述,与基于灰度的匹配方法相比,特征相对于几何图像和辐射度影响来说更不易变化,但特征提取方法的计算代价通常较大,并且需要一些自由参数和事先按照经验选取的阈值,因而不便于实时应用。同时,在纹理较少的图像区域提取的特征的密度通常比较稀少,使局部特征的提取比较困难。另外,基于特征的匹配方法的相似性度量也比较复杂,往往要以特征属性、启发式方法及阈方法的结合来确定度量方法。

8.2.3　图像金字塔

图像金字塔是一种以多分辨率来解释图像的有效但概念简单的结构,广泛应用于图像分割、机器视觉和图像压缩。

一幅图像的金字塔是一系列以金字塔形状排列的,分辨率逐步降低,且来源于同一张原始图像的图像集合,其可以通过梯次向下采样获得,直到达到某个终止条件时才停止采样。金字塔底部是待处理图像的高分辨率表示,而顶部是低分辨率的近似。层级越高,图像越小,分辨率越低。如图 8-3 所示。

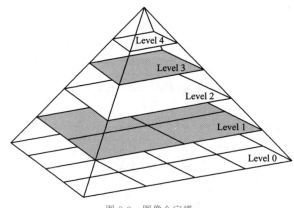

图 8-3　图像金字塔

常见的图像金字塔如下:

(1)高斯金字塔。

高斯金字塔是通过高斯平滑和亚采样获得向下采样图像,也就是说第 I 层金字塔通过平滑,亚采样就可获得 I +1 层高斯图像。高斯金字塔包含一系列的低通滤波器,其截止至频率从上一层到下一层以因子 2 逐渐增加,所以高斯金字塔可以跨越很大的频率范围。

（2）拉普拉斯金字塔。

用高斯金字塔的每一层图像减去其上一层图像上采样并经高斯卷积之后的预测图像，得到一系列的差值图像，即拉普拉斯金字塔分解图像。如图 8-4 所示。

(a)模板图像　　　　　　　　(b)模板　　　　　　　(c)图像金字塔

(d)目标图像　　　　　　　(e)匹配结果

图 8-4　基于拉普拉斯金字塔的图像匹配

（3）图像金字塔算子。

根据金字塔层数和对比度，检查要生成的模板是否合适：

inspect_shape_model（image 输入的图像，modelimages 获得金字塔图像，modelregions 模板区域，numlevels 金字塔层数，contrast 对比度）

（4）使用图像创建形状匹配模型。

create_shape_model（template 模板图像，numlevels 最高金字塔层数，anglestart 开始角度，angleextent 角度范围，anglestep 旋转角度步长，optimization 优化选项，是否减少模板点数，metric 匹配度量极性选择，contrast 阈值或滞后阈值来表示对比度，mincontrast 最小对比度，modelID 生成模板 ID）

（5）获取形状模板的轮廓。

get_shape_contours（modelcontours 得到的轮廓 XLD，modelID 输入模板 ID，level 对应金字塔层数）

8.2.4　Matching 助手

HALCON 自带的 Matching 助手可以使区域获取更加方便，参数设置更加直观等。

（1）打开匹配助手。

在菜单栏单击"助手"按钮，选择"打开新的 Matching"选项。

（2）设置模板匹配参数。

模板匹配设置参数窗口，如图 8-5 至图 8-7 所示。

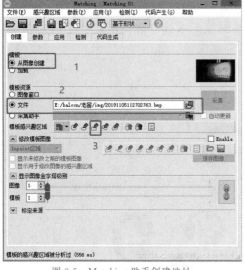

图 8-5　Matching 助手创建地址　　　　　　图 8-6　Matching 助手参数地址

（3）生成程序代码。

将模板匹配设置参数窗口切换至"代码生成"栏，单击"插入代码"按钮，即可完成程序代码的生成。如图 8-8 所示。

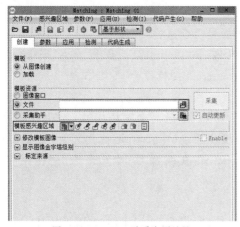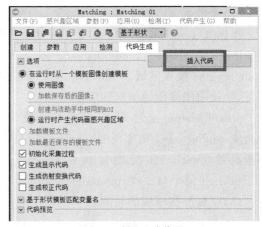

图 8-7　Matching 助手应用地址　　　　　　图 8-8　插入生成代码

8.3　模板匹配的应用

针对不同的图像特征和检测环境，有多种模板匹配算法。如何选择合适的模板匹配算法，取决于具体的图像数据和匹配任务。

8.3.1　基于灰度值的模板匹配

这种算法的根本思想是，计算模板图像与检测图像之间的像素灰度差值的绝对值总和（SAD 方法）或者平方差总和（SSD 方法）。

（1）SAD 算法

SAD（Sum of Absolute Differences）是一种图像匹配算法。它的基本思想是差的绝对值之和。此算法常用于图像块匹配，将每个像素对应数值之差的绝对值求和，据此评估两个图像块的相似度。该算法速度快，但并不精确，通常用于多级处理的初步筛选，即

$$D(i,j) = \sum_{s=1}^{M} \sum_{t=1}^{N} |S(i+s-1, j+t-1) - T(s,t)|$$

（2）SSD 算法

误差平方和算法（Sum of Squared Differences，SSD），也叫差方和算法。实际上，SSD 算法与 SAD 算法基本相同，只是相似性度测量公式有一点改动，即计算子图与模板图的 L2 距离，即

$$D(i,j) = \sum_{s=1}^{M} \sum_{t=1}^{N} [S(i+s-1, j+t-1) - T(s,t)]^2$$

其原理是，首先选择一块 ROI（感兴趣区域）作为模板图像，生成基于灰度值的模板；然后将检测图像与模板图像进行粗匹配，在检测图像与模板图像中任选一点，采取隔点搜索的方式计算二者灰度的相似性，这样粗匹配一遍得到粗相关点；最后进行精匹配，将得到的粗相关点作为中心点，用最小二乘法寻找二者之间的最优匹配点。

注意：只有针对极少数的简单图像，才会考虑基于灰度值的匹配。

（1）创建模板：create_template（　）

（2）寻找模板：best_match（　）

（3）释放模板：clear_template（　）

操作程序如下：

```
dev_close_window（ ）
dev_open_window（0,0,599,464,'black',WindowID）
* 读取一幅彩色图像
read_image（Imagecolor,'data/holesBoard'）
* 将其转化为灰度图像
rgb1_to_gray（Imagecolor,Image）
dev_set_draw（'margin'）
dev_set_line_width(3)
Row1 := 700
Column1 := 950
Row2 := 906
Column2 := 1155
* 选择一块矩形的 ROI 区域
gen_rectangle1（Rectangle,Row1,Column1,Row2,Column2）
dev_display（Rectangle）
* 将 ROI 区域进行裁剪，变成模板图像
reduce_domain（Image,Rectangle,ImageReduced）
* 创建模板,因为光照比较稳定,GrayValues 选择'original'
```

```
create_template (ImageReduced, 5, 4, 'sort', 'original', TemplateID)
* 读取测试图像
read_image (ImageNoise, 'data/holesBoardNoise')
* 应用灰度模板并进行匹配
adapt_template (ImageNoise, TemplateID)
best_match_mg (ImageNoise, TemplateID, 35, 'false', 4, 'all', Row, Column, Error)
dev_clear_window ( )
dev_display (ImageNoise)
* 根据匹配返回的坐标中心,绘制矩形标识框,将匹配到的目标框选出来
disp_rectangle2 (WindowID, Row, Column, 0, 95, 95)
* 匹配结束,释放模板资源
clear_template (TemplateID)
```

8.3.2 基于相关性的模板匹配

NCC 是一种基于统计学计算两组样本数据相关性的算法,其取值范围为$[-1, 1]$,对于图像来说,每个像素点都可以看作是 RGB 数值,这样整幅图像就可以看成是一个样本数据的集合。如果它有一个子集与另外一个样本数据相互匹配,则它的 NCC 值为 1,表示相关性很高,如果 NCC 值为 -1,则表示完全不相关。基于这个原理,实现图像基于模板匹配识别算法,其中第一步就是要归一化数据,即

$$f = \frac{f - \mu}{\sigma}$$

式中 f——像素点 p 的灰度值;

μ——窗口所有像素平均值;

σ——标准方差假设;

t——模板像素值。

完整的 NCC 计算公式为

$$NCC = \frac{1}{n-1} \sum_{x,y} \frac{[f(x,y) - \mu_f][t(x,y) - \mu_t]}{\sigma_f \sigma_t}$$

式中 n——模板的像素总数;

$n-1$——自由度。

该方法不但能适应光照变化,对小范围的遮挡和缺失也同样适用,同时还适用于聚焦不清的图像和形状变形,因此在实际工程中应用比较广泛。但是,该方法也有其局限性,如果与参考图像相比,检测图像的位移、旋转、缩放会比较大,可能导致匹配失败。

注意:一般应在检测图像中指定匹配区域,然后在该区域中进行搜索。

(1)创建模板:create_ncc_model( )

(2)寻找模板:find_ncc_model( )

(3)释放模板:clear_ncc_model( )

操作程序如下：

＊读取参考的原始图像。如果是彩色的，需要先转化为单通道灰度图像

read_image（Image，'data/carmex-0'）

get_image_size（Image，Width，Height）

dev_close_window（ ）

dev_open_window（0，0，Width，Height，'black'，WindowHandle）

＊设置窗口绘制参数，线宽设为3

dev_set_line_width(3)

dev_set_draw（'margin'）

＊创建圆形，由于目标区域是圆形，因此用圆形将 ROI 区域选择出来

gen_circle（Circle，161，208，80）

＊获取圆形的中心点，为匹配后的可视化显示结果做准备

area_center（Circle，Area，RowRef，ColumnRef）

＊裁剪 ROI 区域，得到模板图像

reduce_domain（Image，Circle，ImageReduced）

＊创建基于相关性的匹配模型，输入模板图像和模型参数

create_ncc_model（ImageReduced，'auto'，0，0，'auto'，'use_polarity'，ModelID）

＊显示原始图像和圆形框

dev_display（Image）

dev_display（Circle）

stop（ ）

＊读取测试图像

read_image（Image2，'data/carmex-1'）

＊进行基于相关性的模板匹配

find_ncc_model（Image2，ModelID，0，0，0.5，1，0.5，'true'，0，Row，Column，Angle，Score）

vector_angle_to_rigid（RowRef，ColumnRef，0，Row，Column，0，HomMat2D）

＊对圆形进行仿射变换，使其将匹配的结果目标标识出来

affine_trans_region(Circle,RegionAffineTrans,HomMat2D,'nearest_neighbor')

＊显示测试画面和圆形标记

dev_display（Image2）

dev_display（RegionAffineTrans）

＊匹配结束，释放模板资源

clear_ncc_model（ModelID）

8.3.3　基于形状的模板匹配

该方法使用边缘特征定位物体，对于很多干扰因素不敏感，如光照和图像的灰度变化，甚至可以支持局部边缘缺失、杂乱场景、噪声、失焦和轻微形变的模型。它可以支持多个模板同步进行搜索。但是，在搜索过程中，如果目标图像发生大的旋转或缩放，则会影响搜索的结果，因此不适用于旋转和缩放比较大的情况。如图 8-9 所示。

图 8-9　模板实例

（1）创建形状模型：create_shape_model（　）

（2）寻找形状模型：find_shape_model（　）

（3）释放形状模型：clear_shape_model（　）

操作程序如下：

```
* 读取参考图像
read_image(Image，'data/labelShape-0')
* 根据要匹配的目标，围绕目标创建一个矩形，获取 ROI 区域
gen_rectangle1 (Rectangle，34，290，268，460)
* 对 ROI 区域进行裁剪，得到模板图像
reduce_domain (Image，Rectangle，ImageReduced)
* 测试金字塔的层级参数
inspect_shape_model (ImageReduced，ModelImages，ModelRegions，4，30)
* 设置显示图像、绘制线条的线宽等窗口参数
dev_set_draw ('margin')
dev_set_line_width(3)
dev_display(Image)
dev_display(Rectangle)
* 根据剪裁的模板图像创建基于形状的模板，返回模板句柄 ShapeModelID
create_shape_model (ImageReduced，5，rad(-10)，rad(20)，'auto'，'none'，'use_polarity'，
20，10，ShapeModelID)
stop( )
* 读取用于测试的图像
read_image(SearchImage，'data/labelShape-1')
* 使用匹配算子进行形状模板匹配
find_shape_model (SearchImage，ShapeModelID，0，rad(360)，0.5，3，0，'least_squares'，0，0.5，
RowCheck，ColumnCheck，AngleCheck，Score)
* 显示匹配结果，将匹配得到的实例以形状轮廓的形式绘制出来
dev_display_shape_matching_results (ShapeModelID，'red'，RowCheck，ColumnCheck，AngleCheck，
1，1，0)
* 匹配结束，释放模板资源
clear_shape_model (ShapeModelID)
```

程序执行结果如图 8-10 所示

图 8-10　目标图像形状匹配

8.3.4　基于组件的模板匹配

基于组件的模板匹配可以说是基于形状的模板匹配的加强版,加强的地方在于,这种方法允许模板中包含多个目标,并且允许目标之间存在相对运动(位移和旋转)。这决定了这种方式不适用于尺寸缩放的情况。由于有多个 ROI,且需要检测多个 ROI 之间的相对运动关系,因此这种方法与基于形状的模板匹配相比要稍微复杂一点,且不适用于失焦图像和轻微形变的目标。如图 8-11 所示为基于组件的模板匹配实例。

基于组件的模板匹配程序如下:

```
dev_close_window ( )
* 读取参考图像,这里读取的是单通道灰度图像
read_image (ModelImage, 'data/bolts-0')
* 设置显示图像、绘制线条等窗口参数
dev_open_window_fit_image (ModelImage, 0, 0, -1, -1, WindowHandle)
dev_display (ModelImage)
dev_set_draw ('margin')
dev_set_line_width(3)
stop ( )
* 定义各个组件,选取各个组件的 ROI 区域
gen_rectangle1 (Rectangle1, 140, 71, 279, 168)
gen_rectangle1 (Rectangle2, 181, 281, 285, 430)
gen_circle (Circle, 106, 256, 60)
* 将所有组件放进一个名为 ComponentRegions 的 Tuple 中
concat_obj (Rectangle1, Rectangle2, ComponentRegions)
concat_obj (ComponentRegions, Circle, ComponentRegions)
* 显示参考图像,以及选择的各个组件区域。核对区域选择是否理想
dev_display (ModelImage)
dev_display (ComponentRegions)
```

```
    stop（）
    * 创建基于组件的模板,返回模板句柄 ComponentModelID
    create_component_model（ModelImage, ComponentRegions, 20, 20, rad(25), 0, rad(360),
15, 40, 15, 10, 0.8, 3, 0, 'none', 'use_polarity', 'true', ComponentModelID, RootRanking）
    * 读取测试图像,该测试图像相对于参考图像有一定的位移和旋转
    read_image（SearchImage, 'data/bolts-1'）
    * 在参考图像模板的基础上,进行基于组件的匹配
    find_component_model（SearchImage, ComponentModelID, RootRanking, 0, rad(360), 0.5,
0, 0.5, 'stop_search', 'search_from_best', 'none', 0.8, 'interpolation', 0, 0.8, ModelStart,
ModelEnd, Score, RowComp, ColumnComp, AngleComp, ScoreComp, ModelComp）
    * 显示测试图像
    dev_display（SearchImage）
    * 对每一个检测到的组件实例进行可视化的显示
    for Match := 0 to |ModelStart| -1 by 1
    dev_set_line_width（4）
    * 获得每个组件的实例和位移旋转等参数
    get_found_component_model（FoundComponents, ComponentModelID, ModelStart, ModelEnd,
RowComp, ColumnComp, AngleComp, ScoreComp, ModelComp, Match, 'false', RowCompInst,
ColumnCompInst, AngleCompInst, ScoreCompInst）
    dev_display（FoundComponents）
    endfor
    stop（）
    * 匹配结束,释放模板资源
    clear_component_model（ComponentModelID）
```

图 8-11　基于组件的模板匹配实例

8.3.5　基于形变的模板匹配

形变分为两种:一种是基于目标局部的形变;另一种是由于透视关系而产生的形变。基于形变的模板匹配也是一种基于形状的匹配方法,但不同的是,其返回结果中不仅包括轻微形变的形状、形变的位置,还有描述形变的参数,如旋转角度、缩放倍数等。

　　基于形变的模板匹配对于很多干扰因素不敏感,如光照变化、混乱无序、缩放变化等。其适用于多通道图像,对于纹理复杂的图像匹配则不太适用。如图 8-12 所示为基于形变的模板匹配实例。涉及算子如下:

　　(1)创建模板:create_local_deformable_model( )

　　(2)寻找模板:find_local_deformable_model( )

　　(3)释放模板:clear_deformable_model( )

　　基于局部形变的模板匹配程序如下:

```
dev_close_window ( )
* 读取参考图像,这里读取的是单通道灰度图像
* 这里的参考图像是已经剪裁好的区域图像,可以直接作为模板图像
read_image (ModelImage, 'data/creamlabel')
* 设置显示窗口参数
dev_open_window_fit_image (ModelImage, 0, 0, -1, -1, WindowHandle)
* 创建局部形变模板,返回局部形变模板句柄 ModelID
create_local_deformable_model(ModelImage, 'auto',rad(-15),rad(30), 'auto', 1, 1,'auto',1,
1,'auto','none','use_polarity',[40,60],'auto',[], [],ModelID)
* 获取局部形变模板的轮廓
get_deformable_model_contours (ModelContours, ModelID, 1)
* 为了将模板轮廓可视化显示,需要将轮廓与图像实物对应起来
* 因此出于可视化显示的目的,先获取模板图像的几何中心
area_center (ModelImage, Area, Row, Column)
* 进行仿射变换
hom_mat2d_identity (HomMat2DIdentity)
hom_mat2d_translate (HomMat2DIdentity, Row, Column, HomMat2DTranslate)
affine_trans_contour_xld(ModelContours,ContoursAffinTrans,HomMat2DTranslate)
* 设置轮廓显示的线条参数,显示模板图像与轮廓
dev_set_line_width (2)
dev_display (ModelImage)
dev_display (ContoursAffinTrans)
stop ( )
* 读取测试图像,这里的图像中包含模板图像,并且有一定的形变
read_image (DeformedImage, 'data/cream')
* 显示用于测试的局部形变图像
dev_resize_window_fit_image (DeformedImage, 0, 0, -1, -1)
dev_display (DeformedImage)
* 进行局部形变模板匹配
find _ local _ deformable _ model (DeformedImage, ImageRectified, VectorField, DeformedContours,
ModelID,rad(-14),rad(28), 0.9, 1, 0.9, 1, 0.78, 0, 0, 0, 0.7, ['image_rectified','vector_field','deformed
_contours'], ['deformation_smoothness','expand_border','subpixel'], [18,0,0], Score, Row, Column)
* 显示形变轮廓
dev_display (DeformedImage)
```

机器人视觉技术及案例应用

```
dev_set_line_width (2)
dev_set_color ('red')
dev_display (DeformedContours)
stop( )
* 匹配结束,释放模板资源
clear_deformable_model (ModelID)
```

图 8-12　基于形变的模板匹配实例

8.3.6　基于描述符的模板匹配

基于描述符的模板匹配只能用于有纹理的图像,涉及算子如下:

(1)创建模板:create_calib_descriptor_model( )

(2)寻找模板:find_calib_descriptor_model( )

(3)释放模板:clear_descriptor_model( )

操作程序如下:

```
dev_close_window ( )
* 读取参考图像,这里的参考图像只包含识别的关键区域,用于创建模板
read_image (ImageLabel, 'data/labelShape-0')
* 设置窗口参数用于显示图像
get_image_size (ImageLabel, Width, Height)
dev_open_window (0, 0, Width, Height, 'black', WindowHandle1)
dev_set_draw ('margin')
dev_display (ImageLabel)
* 设置用于存储特征点和感兴趣区域的变量
NumPoints := []
RowRoi := [10,10,Height −10,Height −10]
ColRoi := [10,Width −10,Width −10,10]
* 将参考图像中的除边缘外的区域都设为感兴趣区域。参考图像已近似于匹配的纹理样本
gen_rectangle1 (Rectangle, 10, 10, Height −10, Width −10)
* 显示参考图像上选择的 ROI 区域
```

156

```
dev_set_line_width（4）
dev_display（Rectangle）
stop（）
* 将感兴趣区域剪裁为模板图像
reduce_domain（ImageLabel，Rectangle，ImageReduced）
dev_clear_window（）
dev_display（ImageLabel）
* 创建基于描述符的模板
create_uncalib_descriptor_model（ImageReduced，'harris_binomial'，[]，[]，['min_rot'，'max_
rot'，'min_scale'，'max_scale']，[−90,90,0.2,1.1]，42，ModelID）
* 设置模型的原点，为了后面获取坐标作参照
set_descriptor_model_origin（ModelID，−Height / 2，−Width / 2）
* 获取模型中特征点的位置
get_descriptor_model_points（ModelID，'model'，'all'，Row_D，Col_D）
* 将模型中计算出的特征点存入 NumPoints 变量中
NumPoints ：= [NumPoints，|Row_D|]
* 读取测试图像，这里读取的是单通道灰度图像，因此省略了通道转化的步骤
read_image（ImageGray，'data/labelShape-1'）
dev_resize_window_fit_image（ImageGray，0，0，−1，−1）
dev_display（ImageGray）
* 对描述符特征点进行匹配
find_uncalib_descriptor_model（ImageGray，ModelID，'threshold'，800，['min_score_descr'，'
guided_matching']，[0.003,'on']，0.25，1，'num_points'，HomMat2D，Score）
* 显示匹配结果，将特征点用不同的颜色绘制出来
if（（|HomMat2D| > 0）and（Score > NumPoints[0] / 4））
get_descriptor_model_points（ModelID，'search'，0，Row，Col）
* 创建十字标识符
gen_cross_contour_xld（Cross，Row，Col，6，0.785398）
projective_trans_region（Rectangle，TransRegion，HomMat2D，'bilinear'）
projective_trans_pixel（HomMat2D，RowRoi，ColRoi，RowTrans，ColTrans）
angle_ll（RowTrans[2]，ColTrans[2]，RowTrans[1]，ColTrans[1]，RowTrans[1]，ColTrans
[1]，RowTrans[0]，ColTrans[0]，Angle）
Angle ：= deg（Angle）
if（Angle > 70 and Angle < 110）
area_center（TransRegion，Area，Row，Column）
dev_set_color（'green'）
dev_set_line_width（4）
dev_display（TransRegion）
dev_set_colored（6）
dev_display（Cross）
endif
endif
```

```
    stop（）
    ＊匹配结束，释放模板资源
    clear_descriptor_model（ModelID）
```

对比上述模板匹配应用，总结如下：

（1）基于点的模板匹配，主要用在三维匹配中，在二维匹配中，最常用的是基于形状的匹配和基于相关性的匹配。

（2）模板图像可以从参考图像特定区域创建模板，也可以使用 XLD 轮廓创建合适的模板。

（3）从参考图像的特定区域中创建模板，首先要准备好合适的模板。如果想得到质量比较好的模板，ROI 中应尽可能少地包含噪声和杂乱场景。

（4）使用 HALCON 匹配助手进行匹配时，可以选择不同的匹配方法，然后依次完成创建模板、检测模板和优化匹配速度等步骤，如图 8-13 所示。

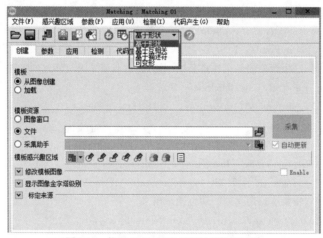

图 8-13　使用 HALCON 匹配助手进行匹配

8.4　案例应用：磁环绕线点胶系统设计

如图 8-14 所示，已知若干随意摆放的待点胶磁环，需要点胶的地方位于磁环中间挡片（白色）的两端与磁环接触处，为提高生产效率，可运用图像匹配的方法找出全部点胶位置，然后将位置信息发送至执行机构，实现点胶功能。

图 8-14　若干随意摆放的待点胶磁环

8.4.1　图像提取

图像是通过静态拍摄提取的,将拍摄的图片导入软件中。首先是通过"read_image"算子识别出图像。

由于 CMOS 相机拍摄到的是三通道的彩色图像,其会影响目标识别的运算效率。因此,为了降低原始图像的数据量,突出磁环的功能,该区域也被重新分发了图像,并简化了后续的图像处理算法,有必要对收集到的磁环图像执行灰度处理。常用的图像灰度转换方法有两种:线性变换法和非线性变换法,其中,线性变换法的计算量远低于非线性变换法。线性变换法大致有简单分量、平均值法和加权平均法。其算子为

```
rgb1_to_gray( )
```

8.4.2　待点胶目标与背景的分割

图像分离是把所有待点胶的目标区域在磁环图像的背景中分离,所使用的阈值分割的算子为 threshold( )。阈值分割法是指基于图像像素之间的灰度值,并通过设定阈值来判断待划分对象之间的边界。

然后使用 reduce_domain( )算子将获得的边缘区域从原图中裁剪出来,获得想要的区域后,在区域内部使用 fill_up( )算子进行填充,并根据填充结果获取区域最小外接矩形区域,需要使用 gen_rectangle2( )算子创建矩形区域。

8.4.3　形态学处理

在经过图像分割后的图像中,待点胶的目标周围有许多毛刺和孔洞。为提高边缘搜索的精度,在检索时必须对切割后的图像进行形态学处理。图像的形态学操作的主要目的是填补待点胶目标上面的空洞,锐化毛刺,为后续边缘特征的提取提供保障。其过程是采用一定大小的结构元素来对图像进行逻辑运算操作,求取图像形态学的主要操作有两种方式:膨胀和腐蚀。经过膨胀后的图像,亮度区域会明显地增强;经过腐蚀后的图像,高亮区域会被缩减。磁环图像采取的是闭运算,闭运算是先膨胀后腐蚀。

8.4.4　图像匹配

经过灰度处理、待点胶目标与背景的分割、图像形态学处理,以及待点胶目标的连接等一系列处理后开始运行仿真程序,会发现仿真结果呈现的图像还存在干扰,比预期多出两对坐标,说明在前期的图像处理时存在噪声。如图 8-15 所示。

根据图形选定区域所用到的算子为 select_shape。对来自区域的所有输入范围,先计算所指示的特性值。若计算的每个特性(Operation＝"and")或至少一个(Operation＝"or")在默认限制(最小值、最大值)范围之内,则该范围将适用于输出。

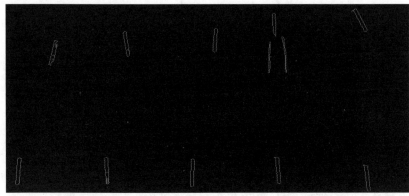

图 8-15 含噪声的磁环匹配

为消除噪声,此时需要用 select_shape( )算子来筛选轮廓。用周长特征进行识别,以去除干扰,待得到准确的模板后,进行图像匹配,得出具体的数据。

参考算法如下:

```
num:=10
Rot:=rad(34)
pi:= acos(0.0) * 2
read_image (Image,'D:/待点胶磁环.jpg')
*读取图片
decompose3 (Image, Image1, Image2, Image3)
*将三通道图像转换为三个图像
rgb1_to_gray (Image3, GrayImage)
*灰度转化
threshold (GrayImage, Region, 128, 255)
*阈值分割
gen_rectangle2 (Rectangle,160,129, rad(0), 9, 35)
*生成一个矩形区域
dev_set_color ('red')
dev_set_line_width (1)
dev_set_draw ('margin')
reduce_domain (GrayImage, Rectangle, ImageReduced)
*缩小图像的域
threshold (ImageReduced,Region1,60, 110)
*阈值分割
fill_up (Region1, RegionFillUp)
*填充区域中的孔或者缝隙
closing_circle (RegionFillUp, RegionClosing, 3.5)
*使用圆形结构元素闭合一个区域
connection (Region, ConnectedRegions)
```

```
* 分离一个区域中相连接的部分
select_shape (ConnectedRegions，SelectedRegions，'area'，'and'，150，99999)
* 根据形状特征来选择区域
sort_region (SelectedRegions，SortedRegions，'first_point'，'true'，'row')
* 对区域进行排序
select_shape (SortedRegions，SelectedRegions1，'rect2_len1'，'and'，20，32)
* 二次筛选(选取线周长特征:rect2_len1)
smallest_rectangle1 (SelectedRegions1，Row1，Column1，Row2，Column2)
* 返回平行坐标最小外包矩形
orientation_region (SelectedRegions1，Phi)
* 求解每个区域的倾角
area_center (SelectedRegions1，Area，Row，Column)
* 求解每个区域的中心点坐标
dev_display (SelectedRegions1)
read_image (Image，'D:/待点胶磁环.jpg')
dev_set_color ('red')
for i := 0 to |num|−1 by 1
endfor
```

经过上述算法运行后,形状匹配结果如图 8-16、图 8-17 所示。

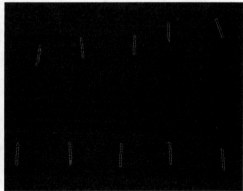

图 8-16 匹配出的待点胶位置

控制变量	
Rot	0.593412
pi	3.14159
Row1	[55, 65, 97, 103, 123, 371, 371, 372, 374, 388]
Column1	[606, 479, 386, 242, 122, 211, 482, 68, 350, 625]
Row2	[104, 115, 147, 156, 176, 428, 428, 430, 434, 444]
Column2	[632, 486, 393, 252, 136, 219, 493, 78, 356, 636]
Phi	[-1.19418, -1.52803, 1.51926, -1.44919, -1.74491, -1.52908, -1.50397, -1.63678, -1.59649, -1.47721]
Area	[318, 246, 293, 296, 305, 320, 344, 376, 354, 344]
Row	[79.3113, 87.752, 122.355, 129.463, 148.967, 397.575, 398.637, 400.761, 403.833, 415.256]
Column	[620.261, 482.642, 389.352, 247.22, 129.138, 215.134, 488.523, 72.4761, 352.907, 631.323]

图 8-17 匹配出的磁环位置坐标参数

习题八

1.简述图像匹配的含义和应用领域。

2.图像匹配有哪些类别,各自的特点是什么。

3.图 8-18 是若干随意摆放的银行卡片正面,选择合适的图像匹配特征,创建卡片右下角"UnionPay 银联"的区域模板,识别出所有的相同区域,并输出结果。

图 8-18　习题八-3

第9章
图像测量

微课9

在机器视觉中,图像测量是必不可少的一个分支。测量主要包括有物体大小的测量、距离的测量和物体完整度检测等。在工业机器视觉里面常用的有 1D 测量、2D 测量和 3D 测量,三种测量方式都在特定领域被广泛应用,其中 2D 和 3D 测量是要在标定之后[需要获取环境参数,比如得到 pixel(像素)的物理大小],不经过标定的测量仅表示被测物体的相对大小。

基于机器视觉的检测过程:对感兴趣的对象或区域进行成像,然后结合其图像信息,利用图像处理软件进行处理,根据处理结果自动判断检测对象的位置、尺寸和外观信息,并依据预先设定的标准进行合格与否的判断,最后输出其判断信息给执行机构。机器视觉检测系统采用 CCD 相机或 CMOS 相机将被检测的对象信息转换成图像信号,传送给专用的图像处理软件,图像处理软件根据像素分布、亮度、颜色等信息,将图像信号转变成数字信号,并对这些数字信号进行各种运算,来抽取对象的特征,如面积、数量、位置、长度等。再根据预设的值和其他条件输出测量结果,包括尺寸、角度、个数、合格/不合格、存在/不存在等,以此实现自动检测的功能。事实表明,基于机器视觉的图像测量,具有良好的连续性和稳定性,也保证了图像的测量精度。

9.1 HALCON 自定义测量模型

在 HALCON 中确定边缘的方法为在一个 ROI 宽度上,计算每个宽度上的像素平均值,在 ROI 的整个长度上计算所有的均值,得到一系列的平均灰度值,由这一系列的灰度值就组成了轮廓线 Profile Line,如图 9-1 所示。

以 Profile Line 为基准,对 Profile Line 垂直方向上的灰度取平均值,这一系列的平均灰度值组成 Profile。如果以 Profile Line 为基准,它的垂直线不是水平或者数值时,就需要一个插值操作。目前 HALCON 支持的有 nearest_neighbor、bilinear、bicubic。如果在这个宽度上计算灰度值时,投影线不平行,那么就会使用插值计算平均灰度值、nearest_neighbor 最邻近插值、bilinear 双线性插值、bicubic 插值,如图 9-2 所示。

宽度和滤波的影响:ROI 的宽度越宽,计算的平均值越逼真,得到的值也是越准确,同样的 ROI 宽度,如果使用滤波,那么效果也最好,测量对象中使用的滤波器是高斯滤波器。

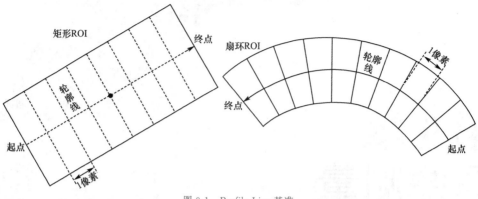

图 9-1　Profile Line 基准

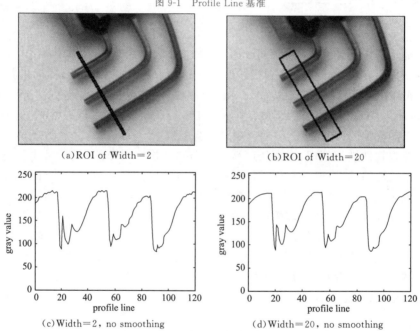

(a)ROI of Width=2　　　　(b)ROI of Width=20

(c)Width=2，no smoothing　　(d)Width=20，no smoothing

图 9-2　滤波和宽度的影响

ROI 选取原理如图 9-3 所示。

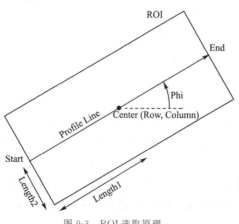

图 9-3　ROI 选取原理

在 HALCON 中要进行测量，首先要学会定义出测量的模型也就是测量的区域单位，即创建感兴趣区域（Region of Interest，ROI）。ROI 可以是任何形状，常规的有矩形、圆形、椭圆等。

下面就 ROI 的创建介绍几种方法：

（1）在 HALCON 中选择 ROI 可以通过图形窗口菜单栏中的"绘制新的 ROI"指令来完成对 ROI 的选择，如图 9-4 所示。

图 9-4　绘制新 ROI

单击指令后，会弹出"ROI"窗口。在该窗口中，可以选择形状来圈定 ROI，如图 9-5 所示。

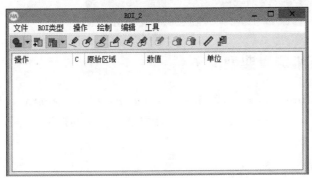

图 9-5　"ROI"窗口

选择图形绘制后，在图形窗口拖动鼠标左键即可圈出 ROI 区域，出现红色的选中框，确认无误后右击完成选择，右击选择区域可在程序中插入所选区域的代码。

（2）使用创建 ROI 的算子进行 ROI 区域的创建，常用的算子有 gen_circle、gen_rectangle1、gen_rectangle2。

①gen_circle(Circle，Row，Column，Radius)在目标图像上画圆。

Circle：画出的圆。

Row：圆心 Y 方向的坐标值。

Column：圆心 X 方向的坐标值。

Radius：圆半径。

②gen_rectangle1(Rectangle，Row1，Column1，Row2，Column2)创建一个矩形平行于坐标轴。

Rectangle：画出的矩形。

Row1：矩形起始点 Y 方向的坐标值。

Column1：矩形起始点 X 方向的坐标值。

Row2:矩形起始点的对角点 Y 方向的坐标值。

Column2:矩形起始点的对角点 X 方向的坐标值。

③gen_rectangle2(Rectangle，Row，Column，Phi，Length1，Length2)用于产生任意方位的矩形。

Rectangle:输出,存放结果的变量。

Row，Column:矩形的中心坐标。

Phi:矩形纵轴的方位,如果用于测量即测量的方向。

Length1:与纵轴平行边的一半。

Length2:与纵轴垂直边的一半。

还有一种特殊的方法,执行算子 draw_rectangle,在显示的图片上进行选取,选取时使用鼠标左键在图像上框选范围,左击的点为选择 ROI 的中心点,但是不需要对算子的值进行修改,由于在创建时已经对参数值进行了确定,因此要修改参数只能重新选取一遍。

 ## 9.2 HALCON 一维测量

9.2.1 一维测量典型算子

1. gen_measure_rectangle2（Row，Column，Phi，Length1，Length2，Width，Height，Interpolation，MeasureHandle)算子可建立测量的矩形对象。

算子的详细参数如下：

Row:ROI 的中心行坐标。

Column:ROI 的中心列坐标。

Phi:角度值,与水平方向的夹角。

Length1:矩形的半宽。

Length2:矩形的半高。

Width:图像的宽度。

Height:图像的高度。

Interpolation:要使用的插值类型。默认值为 nearest_neighbor。

MeasureHandle:输出的对象。

对图像进行测量,在 HALCON 中可以使用 measure_pos 算子来对选取区域的图像进行测量。

2. measure_pos（Image，MeasureHandle，Sigma，Threshold，Transition，Select，RowEdge,ColumnEdge,Amplitude,Distance)算子可对测量对象进行测量。

算子的详细参数如下：

Image:输入图像。

MeasureHandle:输入句柄。

Sigma：滤波参数。

Threshold：边缘幅度。

Transition：边缘极性，由白到黑、由黑到白、两者同时存在。

Select：点的选择，第一点、最后一点、所有点。

RowEdge，ColumnEdge，Amplitude，Distance：输出点的信息。

这里得到的是一个点，还不能真实地表达一条边界，需要通过找到的一系列点进行拟合直线或者圆，并通过算子 fit_circle_contour_xld 和 fit_line_contour_xld 拟合圆和直线。

3. measure _ pairs（Image，MeasureHandle，Sigma，Threshold，Transition，Select，RowEdgeFirst，ColumnEdgeFirst，AmplitudeFirst，RowEdgeSecond，ColumnEdgeSecond，AmplitudeSecond，IntraDistance，InterDistance）。

算子的详细参数如下：

Image：输入图像。

MeasureHandle：测量对象句柄。

Sigma：高斯平滑的 Sigma，默认值为 1.0。

建议值：0.4、0.6、0.8、1.0、1.5、2.0、3.0、4.0、5.0、7.0、10.0。

典型值范围：0.4≤Sigma≤100。

限制：Sigma≥0.4。

Threshold：最小边缘幅度，默认值为 30。

Transition：确定边缘如何分组到边缘对的灰度值转换类型，默认值为′all′。

值列表：′all′、′positive′、′negative′、′all_strongest′、′positive_strongest′、′negative_strongest′。

Select：选择边缘对，默认值为′all′。

值列表：′all′、′first′、′last′。

RowEdgeFirst：第一个边缘中心的行坐标。

ColumnEdgeFirst：第一个边缘中心的列坐标。

AmplitudeFirst：第一个边缘的边缘幅度（带符号）。

RowEdgeSecond：第二个边缘中心的行坐标。

ColumnEdgeSecond：第二个边缘中心的列坐标。

AmplitudeSecond：第二个边缘的边缘幅度（带符号）。

IntraDistance：边缘对内边缘之间的距离。

InterDistance：连续边缘对之间的距离。

详细解释如下：

（1）measure_pairs 用于提取垂直于测量矩形或环形弧的长轴的直边对。

（2）边缘分组成对：如果 Transition ＝″positive″，则返回的点（RowEdgeFirst，ColumnEdgeFirst）为矩形长轴方向上由暗至亮的边缘点，点（RowEdgeSecond，ColumnEdgeSecond）为由亮至暗的边缘点。如果 Transition ＝″negative″，则相反。

（3）如果 Transition ＝″all″，则第一个检测到的边缘定义 RowEdgeFirst 和 ColumnEdgeFirst 的转换。这适合于测量有相对背景但亮度不同的物体。

(4)如果找到具有相同转换的多于一个的连续边缘,则将第一个边缘用作对元素。这种行为可能会导致在阈值不能被选择得足够高以抑制相同转换的连续边缘的应用中出现问题。对于这些应用,存在第二种配对模式,即仅选择一个具有连续上升沿和下降沿的序列上的相应最强边缘。通过将"_strongest"附加到任何以上转换模式,例如"negative_strongest"可以选择此模式。

(5)可以选择哪些边缘对被返回。如果选择设置为"all",则返回所有边缘对。如果设置为"first",则只有第一个提取的边缘对被返回,如果设置为"last",只返回最后一个边缘对。

(6)提取的边缘作为位于矩形长轴上的单个点返回。相应的边缘沿幅度的值为AmplitudeFirst 和 AmplitudeSecond。此外,每个边缘对之间的距离以 IntraDistance 返回,并且 InterDistance 返回连续边缘对之间的距离。这里,IntraDistance [i]对应于EdgeFirst[i]和 EdgeSecond [i]之间的距离,而 InterDistance [i]对应于 EdgeSecond [i]和 EdgeFirst[i+1]之间的距离。

(7)只有边缘是直线并且边缘垂直于长轴的假设被满足了,measure_pairs 返回的结果才有意义。此外,Sigma 不能大于 $0.5 \times Length1$。

9.2.2 一维测量过程

一维测量过程主要就是测量选定区域内高频范围的两临界点之间的距离。

HALCON 的一维测量运算操作示例如下:

(1)读取一张图片,自定义一个测量的模型。

```
* 读取图片
read_image (Image,图片路径)
* 将图片转化成灰度图像
rgb1_to_gray (Image, GrayImage)
* 获取图片的大小
get_image_size (GrayImage, Width, Height)
* 截取测量区域显示为区域边框(margin)或填满(fill)
dev_set_draw ('margin')
* 选取并显示测量区域(也可利用 draw_rectangle2 在图片上手动选择),如图 9-6 所示
gen_rectangle2 (Rectangle,274.242, 329.411, 0, 190.184, 8.6475)
```

图 9-6   gen_rectangle2 算子生成的图像

（2）在选取的测量区域中创建测量对象。

* 创建测量对象的句柄

gen_measure_rectangle2（274.242，329.411，0，190.184，8.6475，Width，Height，'nearest_neighbor'，MeasureHandle）

（3）对创建出的测量对象进行测量，并显示所测量出的数据。算子未经过标定时，测量出的数据的单位都为像素单位（pixle）。

* 抓取点并开始测量

measure_pos（GrayImage，MeasureHandle，1，30，'all'，'all'，RowEdge，ColumnEdge，Amplitude，Distance）

* 显示所抓取的点，如图 9-7 和图 9-8 所示。

gen_cross_contour_xld（Cross，RowEdge，ColumnEdge，20，0.5）

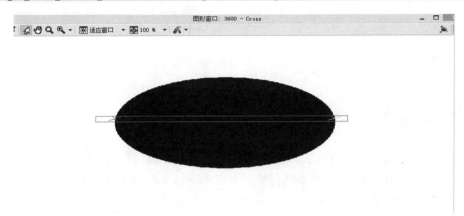

图 9-7　gen_cross_contour_xld 抓取的点的图像 1

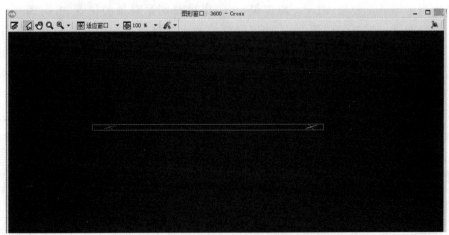

图 9-8　gen_cross_contour_xld 抓取的点的图像 2

* 选择测量结果显示的位置并显示所测量的结果（因为未进行标定，所以测量结果的单位为像素单位 pixle），如图 9-9 所示。

disp_message（3600，'测量长度'+Distance+'pixle'，'window'，42，78，'black'，'true'）

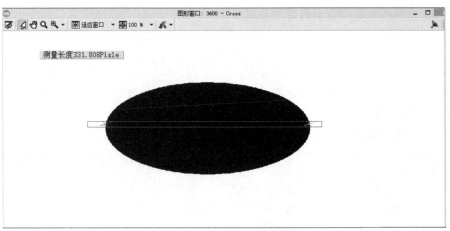

图 9-9　测量结果

```
* 清除测量句柄
close_measure（MeasureHandle）
```

 9.3　HALCON 二维测量

相比一维空间的测量局限于只有长度,没有宽度和高度,只能向两边无限延展。二维空间的测量是指由长度和宽度(在几何学中为 X 轴和 Y 轴)两个要素所组成的平面空间,只向所在平面延伸扩展。

二维测量又称几何测量,可根据几何模型对物体进行较为全面的测量。

二维测量的基本原理:对于二维度量,必须提供要测量对象的位置、方向和几何形状的近似值。在显示对象的图像内,这些近似对象的边界可用于定位对象的真实边缘以适应几何形状的参数,使得它们适合图像数据。测量结果是优化的参数。测量模型可用于存储所有必要的信息,例如测量对象的位置和几何形状的初始参数,控制测量的参数和测量结果。可以通过二维测量方法测量的几何形状包括圆形、椭圆形、矩形和线条。

图像中对象的边缘位于测量区域内。这些是矩形区域,其垂直于近似物体的边界布置,使得它们的中心位于边界上。调整测量区域的尺寸和分布的参数与每个测量对象的近似形状参数一起指定。

9.3.1　二维测量典型算子

（1）create_metrology_model(MetrologyHandle)算子可创建测量几何形状所需的数据结构。

create_metrology_model 算子可创建测量模型,即通过二维测量方法测量具有特定几何形状(测量对象)的对象所需要的数据结构,并将其返回手柄 MetrologyHandle 中。create_metrology_model 一般用作一个或多个测量对象的容器。之后,应使用 set_metrology_model_image_size 指定将在其中执行测量的图像的大小,以进行有效测量。

（2）set_metrology_model_image_size（MetrologyHandle，Width，Height）算子可设置测量对象图像的大小。

set_metrology_model_image_size 算子可用于设置或更改图像的大小，其中将执行与测量模型相关的边缘检测（有关二维测量的基本原理，见创建测量模型）。测量模型由测量手柄定义。图像宽度必须由 Width 指定。图像高度必须由 Height 指定。

注意：在向测量模型添加测量对象之前，应使用"添加测量对象""通用"，"添加测量对象""圆""测量"，"添加测量对象""椭圆""测量"，"添加测量对象""直线""测量"或"添加测量对象""矩形 2""测量"等操作符调用操作符集"测量模型""图像""大小"。否则，在调用 set_metrology_model_image_size 算子或 apply_metrology_model 算子时，将自动重新计算现有测量对象的所有测量区域。

（3）get_metrology_object_measures（Contours，MetrologyHandle，Index，Transition，Row，Column）算子可获取测量区域和测量模型的测量对象的边缘位置结果。

算子的详细参数如下：

Contours：测量区域的矩形 XLD 轮廓。

MetrologyHandle：处理测量模型。

Index：测量对象的索引。默认值为′all′。建议值为′all′，0，1，2。

Transition：选择浅色/深色或深色/浅色边缘。默认值为′all′。

Row：测量边缘的行坐标。

Column：测量边缘的列坐标。

（4）apply_metrology_model（Image，MetrologyHandle）算子可测量并拟合测量模型中所有测量对象的几何形状。

apply_metrology_model 算子将图像中测量模型 MetrologyHandle 的测量对象的测量区域内的边缘定位，并将相应的几何形状拟合到生成的边缘位置。

①确定边缘位置。

在测量对象的测量区域内，确定边缘的位置。边缘位置在内部由算子 measure_pos 或 fuzzy_measure_pos 计算。

②将几何图形拟合到边缘位置。

对测量对象的几何形状进行调整，以使其适合产生的边缘位置。具体而言，RANSAC 算法用于选择创建特定几何形状实例所需的一组初始边缘位置，例如，为圆形类型的测量对象选择三个边缘位置。然后，确定靠近几何形状对应实例的那些边缘位置，如果合适的边缘位置数量足够（参见 set_metrology_object_param 的通用参数"min_score"），则选择这些边缘位置进行几何形状的最终拟合。如果合适的边缘位置数量不足，则测试另一组初始边缘位置，直到找到合适的边缘位置选择。将几何图形拟合到最终拟合选择的边缘位置，并将其参数存储在测量模型中。请注意，如果通用参数"num_instances"设置为大于 1 的值，则会返回每个度量对象的多个实例。可在将测量对象添加到测量模型时设置此参数和其他参数，或使用 set_metrology_object_param 单独设置此参数和其他参数。

注意,对于测量对象的每个实例,需要使用不同的初始边缘位置,即第二个实例基于尚未用作第一个实例计算初始边缘位置的边缘位置。当找到"num_实例",或者剩余的合适初始边缘位置数量太少,无法进一步拟合几何形状时,则该算法停止。

③使用算子 get_metrology_object_result 从测量模型访问测量结果。

请注意,如果返回一个对象的多个实例,则返回实例的顺序是任意的,因此无法测量管件的质量。如果使用算子 set_metrology_model_param 为测量模型设置了参数"camera_param"和"plane_pose",则拟合将使用世界坐标系。否则,将使用图像坐标系。可使用算子 get_metrology_object_result_contour 获得被测对象的 XLD 轮廓。

(5) get_metrology_object_result_contour(Contour,MetrologyHandle,Index,Instance,Resolution)算子可查询测量对象的结果轮廓。

返回所选测量对象和对象实例的图像坐标中的测量结果轮廓。

测量模型由测量手柄定义。参数索引指定查询结果轮廓的测量对象。对于设置为"全部"的索引,将返回所有测量对象的结果轮廓。如果为测量对象计算了多个结果(实例),则参数实例将指定在轮廓中返回结果轮廓的实例。所有实例的结果轮廓都是通过将 Instance 设置为"all"获得的。

结果轮廓的分辨率可通过包含相邻轮廓点之间的欧氏距离(以像素为单位)的分辨率进行控制。如果输入值低于最小可能值(1.192e-7),则分辨率在内部设置为最小有效值。

算子的详细参数如下:

Contour:轮廓(输出对象),给定测量对象的结果轮廓。

MetrologyHandle:测量手柄(输入控制),测量模型的处理。

Index:索引(输入控制),整数测量对象的索引,默认值为'all',建议值为'all'、0、1、2。

Instance:测量对象的实例,默认值为'all',建议值为'all'、0、1、2。

Resolution:分辨率(输入控制),相邻轮廓点之间的距离。默认值为 1.5,限制:分辨率≥1.192e-7

(6)gen_cross_contour_xld(Cross,Row,Col,Size,Angle)算子可为每个输入点生成一个十字形状的 XLD 轮廓。

从概念上讲,轮廓由两条长度不同的线组成,这两条线在输入点上正好相交。它们的方向是由角度决定的。如果要处理多个点,则必须将其坐标作为元组传递。

算子的详细参数如下:

Cross:生成的 XLD 轮廓(输出对象)。

Row:输入点的行坐标。

Col:输入点的列坐标。

Size:尺寸(输入控制),横杆的长度。默认值为 6.0,建议值为 4.0、6.0、8.0、10.0,限制:0.0≤尺寸。

Angle:角度(输入控制),十字架的方向。默认值为 0.785 398,建议值为 0.0、0.785 398。

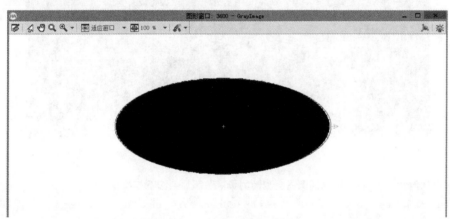

9.3.2　二维测量过程

(1)读取图像,创建几何形状所需要的结构数据,并设计测量图像的大小。

```
* 读取图像
read_image (Image,'D:/test2.png')
* 将图像转换成灰度图像
rgb1_to_gray (Image,GrayImage)
* 创建几何形状所需要的结构数据
create_metrology_model (MetrologyHandle)
* 获取图像的大小尺寸
get_image_size (Image,Width,Height)
* 设置测量对象图像的大小
set_metrology_model_image_size (MetrologyHandle,Width,Height)
```

(2)构建符合图像的模型,设置测量模型的卡尺大小,如图 9-10 所示。

图 9-10　自定义椭圆模型

```
* 自定义椭圆模型
draw_ellipse (3600,Row,Column,Phi,Radius1,Radius2)
* 卡边尺长
MeasureLength1:=30
* 卡边尺宽
MeasureLength2:=5
```

(3)添加测量对象,显示测量区域的边缘位置结果,设置卡尺的大小,边缘的显示会由一个个卡尺环绕。如图 9-11 所示。(自定义椭圆后不需要再去设置测量模型的参数,统一使用自定义模型时生成的参数)

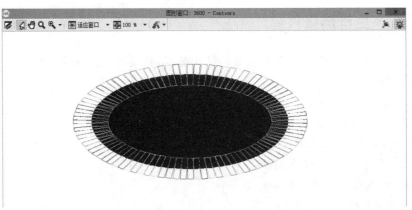

(a)测量对象边缘结果 1

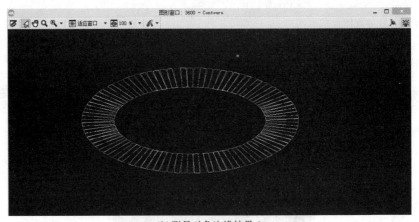

(b)测量对象边缘结果 2

图 9-11　边缘位置结果

　　*添加测量对象,将椭圆或椭圆弧类型的测量对象添加到测量模型中

　　add_ metrology _ object _ ellipse _ measure（MetrologyHandle，Row，Column，Phi，Radius1，Radius2，30，5，1，30，[]，[]，Index)

　　*获取测量区域和测量模型的测量对象的边缘位置结果

　　get_metrology_object_measures (Contours, MetrologyHandle, 'all', 'all', Row, Column)

　　(4)测量并拟合测量模型的几何形状,并显示提取到的轮廓线,如图 9-12 所示。

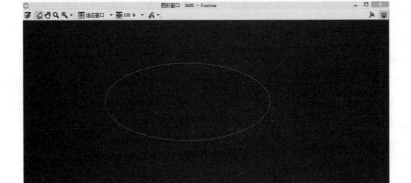

图 9-12　提取到的轮廓线

* 测量并拟合测量模型中所有测量对象的几何形状

apply_metrology_model（GrayImage，MetrologyHandle）

* 显示提取到的轮廓线

get_metrology_object_result_contour（Contour，MetrologyHandle，'all'，'all'，1.5）

* 拟合，计算轮廓结果

fit_ellipse_contour_xld（Contour，'fitzgibbon'，−1，0，0，200，3，2，Row1，Column1，Phi1，Radius1，Radius2，StartPhi，EndPhi，PointOrder）

（5）显示输入点轮廓，并显示测量结果。

* 生成输入点十字架形状的 XLD 轮廓，如图 9-13 所示。

gen_cross_contour_xld（Cross，Row1，Column1，Radius1 * 2，Phi1）

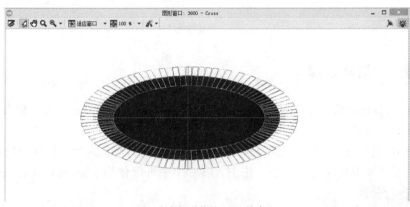

(a)十字架形状的 XLD 轮廓 1

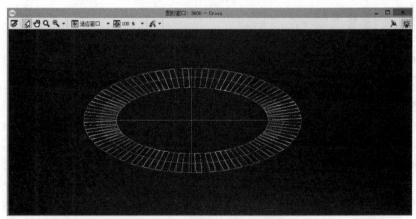

(b)十字架形状的 XLD 轮廓 2

图 9-13　生成输入点轮廓

* 设置字体

set_display_font（3600，30，'mono'，'true'，'false'）

* 选择结果显示的位置，并显示结果，如图 9-14 所示

disp_message（3600，['椭圆中心坐标:（'+Row1+'，'+Column1+'）'，'椭圆斜率:'+Phi1，'椭圆最大半长:'+Radius1，'椭圆最小半长:'+Radius2]，'window'，12，112，'green'，'false'）

* 清除句柄

clear_metrology_model（MetrologyHandle）

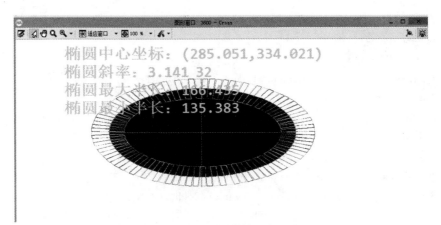

图 9-14　测量结果显示

9.3.3　轮廓处理

轮廓的处理包括轮廓的分割、轮廓的筛选和轮廓的连接,下面对这三点分别进行介绍。

(1)轮廓的分割

在一些测量任务中,有时不需要对整个轮廓进行分析,而是需要对局部一段轮廓进行分析,此时就需要对轮廓进行分割。在 HALCON 中可以使用 segment_contours_xld 算子对图像进行分割。

segment_contours_xld(Contours,ContoursSplit,Mode,SmoothCont,MaxLineDist1,MaxLineDist2)

算子的详细参数如下:

Contours:要分割的轮廓。

ContoursSplit:分割后的轮廓。

Mode:轮廓分割的模式,默认是 lin_circles。

SmoothCont:用于平滑轮廓的点的数量,默认为5。

MaxLineDist1:轮廓线与近似线之间的最大距离(第一次迭代),默认值为4。

MaxLineDist2:轮廓线与近似线之间的最大距离(第二次迭代),默认值为2。

(2)轮廓的筛选

在 HALCON 中轮廓的筛选可以使用 select_contours_xld 算子来完成。

select_contours_xld(Contours,SelectedContours,Feature,Min1,Max1,Min2,Max2)

算子的详细参数如下:

Contours:输入 XLD 轮廓。

SelectedContours:被选择的输出 XLD 轮廓。

Feature:选择轮廓的特征,默认为轮廓长度。

Min1:轮廓的较低阈值,默认值为 0.5。

Max1:轮廓的较高阈值,默认值为200。

Min2:轮廓的较低阈值,默认值为-0.5。

Max2:轮廓的较高阈值,默认值为 0.5。

（3）轮廓的连接

在 HALCON 中一般使用 union_adjacent_contours_xld 算子来进行轮廓连接。

union_adjacent_contours_xld(Contours,UnionContours,MaxDistAbs,MaxDistRel,Mode)

算子的详细参数如下：

Contours：输入的 XLD 轮廓。

UnionContours：输出的 XLD 轮廓。

MaxDistAbs：轮廓终点的最大值距离，默认值为 10。

MaxDistRel：轮廓终点的最大值距离与更长轮廓的相对距离，默认值为 1。

Mode：描述轮廓特征的模式。

9.4 HALCON 测量助手

为方便初学者或工程技术人员使用测量功能，HALCON 开发出了流程化的测量助手，只需要操作者按步骤完成参数设置，即可显示测量结果，下面介绍如何使用 HALCON 软件助手中的测量工具。

（1）首先读取需要测量的图片（为减小误差，我们一般会将图片进行灰度化处理），单击"助手"按钮，打开一个新的测量助手"打开新的 Measure"，如图 9-15 所示。打开后会显示测量助手界面。

图 9-15　打开新的 Measure

"图像源"选中"图像窗口"单选按钮，如图 9-16 所示。

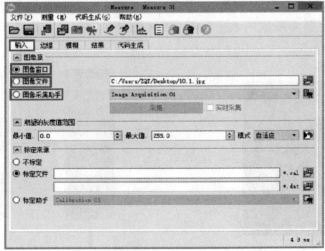

图 9-16　Measure 界面

　　可以在打开图像之后再打开测量助手，也可以直接通过测量助手读取图像，单张图像需要选中"图像窗口"单选按钮，可以直接通过组合键"Ctrl＋R"打开，也可以选中"图像文件"单选按钮打开文件路径进行选择，如果需要实时图像可以选中"图像采集助手"单选按钮进行实时采集。

　　(2)单击"绘制线段"按钮，根据所需要测量的对象选择绘制不同的线型。以绘制线段为例，选择"边缘"对话框，然后选择"绘制线段"图标 ，按住鼠标左键，在图像的测量处画线段，松开鼠标左键，单击线段的两端可以改变线段的长度和方向；单击线段的中间部分可以自由移动线段的位置；右击可以生成线段和边缘；单击选中测量线段的箭头，可以调整测量线段的长度和方向。绘制线段如图 9-17 所示。

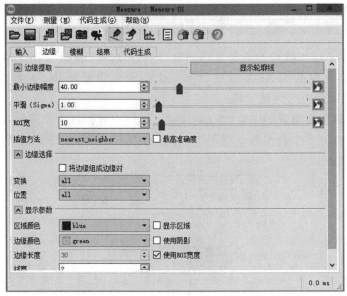

图 9-17　绘制线段

　　右击图片，在图像上绘制线段，HALCON 会自动显示出提取到的边界（选取时箭头代表方向，区域被竖向截取的表示边界，区域横向和竖向被截取所围成的是绘制的ROI），如图 9-18 所示。

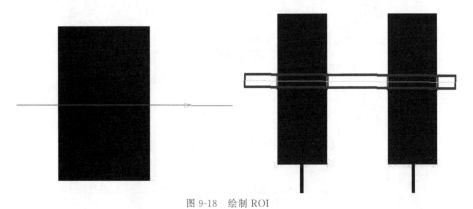

图 9-18　绘制 ROI

(3)切换到测量助手窗口中的边缘界面,如图 9-19 所示。

切换到边缘页面

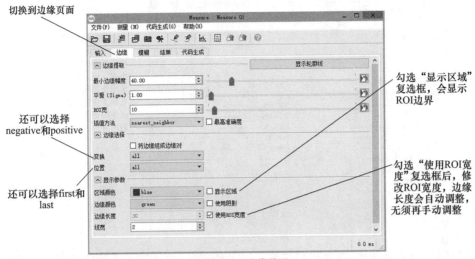

勾选"显示区域"复选框,会显示 ROI 边界

还可以选择 negative 和 positive

勾选"使用ROI宽度"复选框后,修改ROI宽度,边缘长度会自动调整,无须再手动调整

还可以选择 first 和 last

图 9-19　边缘界面

测量的边缘选择边,而边的选择是根据灰度值确定的,最小边缘幅度就是对灰度值差异的要求,要大于这个值才认为是满足要求的边,如果灰度过渡不明显,那么可以相应地降低最小边缘幅度的值。设置平滑值越大,图像的噪声越小,处理越方便。ROI 宽就是提取出来的边界线段的宽度。

提取出来的边界线段显示的地方有由黑到白和由白到黑两种,变换也就是基于它们的灰度值变化选择边缘的。(positive 表示由黑到白的正向变换,negative 表示由白到黑的逆向变换,all 表示前面两种变换都存在)。位置也是显示选择到的边缘,可以是第一个(first),也可以是最后一个(last)。

(4)结果显示界面(图 9-20)。

注意显示结果,虽然在图像上显示的是边,但其实显示的结果是边上选取的中心点的坐标,幅度就是灰度值的过渡,距离是两点之间的距离。

在"特征选择"里面勾选要查看的边缘特征

边缘数据显示

显示测量助手测量的结果数据

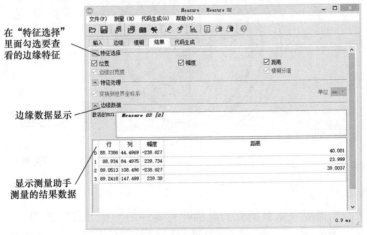

图 9-20　结果显示界面

（5）生成代码，如图 9-21。

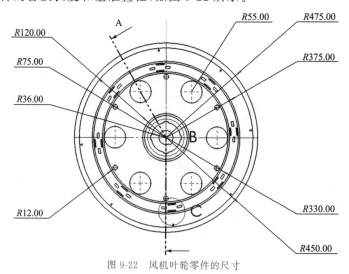

单击"插入代码"按钮，代码会在程序框图中生成出来，可以在生成出来的代码的基础上进行修改，以实现需要显示的内容

图 9-21 生成代码

应用测量助手来找边，首先要确定需要测量的位置，然后选择测量位置的边缘的灰度值过渡要满足最小边缘幅度的要求，最后根据边缘选择要找的边。

9.5 案例应用：风机叶轮尺寸测量

案例针对风机叶轮零件进行基于机器视觉技术的尺寸测量，在无特殊说明的情况下，所述被测对象均为风机叶轮零件，并以风机叶轮零件替代陈述被测对象。尺寸测量指标为风机叶轮零件的各段长度和基准直径，如图 9-22 所示。

图 9-22 风机叶轮零件的尺寸

测量步骤如下：

（1）HALCON 需要获取被研究的风机叶轮零件的图像并进行处理。

（2）将各尺寸按照某一特性进行分类处理，包括半径类、角度类和直线类，结合实际，将半径类的尺寸以拟合圆的办法来测量该圆的半径值；将角度类的尺寸以拟合两条相交直线的办法来测量两条直线夹角的角度值;将直线类的尺寸以拟合直线的办法来测量直线的长度值。如图 9-23 所示。

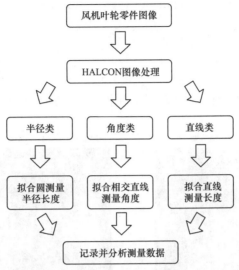

图 9-23 风机叶轮测量流程

1.读取轮毂图像并进行灰度化和滤波处理。

```
* 打开图片像素大小的窗口
dev_open_window(0,0,750,750,'black',WindowHandle1)
* 读取轮毂图像
read_image(Image,'C:/风机叶轮.jpg')
* 获取图像的大小尺寸
get_image_size(Image,Width,Height)
* 打开一个新窗口
dev_open_window(0,0,Width,Height,'black',WindowHandle)
* 显示图像
dev_display(Image)
* 将图像进行灰度化处理,如图 9-24 所示
```

(a)灰度化图像

(b)中值滤波后的图像

图 9-24 灰度化处理

```
rgb1_to_gray (Image, GrayImage)
* 对图像进行中值滤波处理,指定滤波形状为圆形 circle,滤波区域半径为 2.5
median_image (GrayImage, ImageMedian, 'circle', 2.5, 'mirrored')
* 显示中值滤波图像
dev_display (ImageMedian)
* 设置线宽为 3
dev_set_line_width (3)
```

2.对处理后的图像进行边缘检测,对检测后的轮廓进行分割、筛选和连接。(图 9-25 和图 9-26)

图 9-25　边缘检测图像　　　　图 9-26　segment_contours_xld算子分割后的图像

* 对图像进行边缘检测,提取亚像素轮廓,设置滤波参数(数值越小,平滑效果越好,细节越少),滞后阈值的下限和上限

```
edges_sub_pix (ImageMedian, Edges, 'canny', 0.5, 10, 40)
* 亚像素边缘的分割(图 9-26)
segment_contours_xld (Edges, ContoursSplit, 'lines_circles', 5, 4, 2)
* 将近似共线(大致在一条直线上)的亚像素轮廓合并起来,如图 9-27 所示
union_cocircular_contours_xld (ContoursSplit, UnionContours1, 1.5, 0.5, 0.5, 30, 10, 10, 'true', 1)
```

图 9-27　union_cocircular_contours_xld算子轮廓合并后的图像

3.筛选出要测量的圆形轮廓。

* 筛选出外周最大亚像素圆形轮廓

select_shape_xld（UnionContours1，SelectedXLD1，′area′，′and′，400000，600000）

* 圆拟合算法，做近似圆的亚像素轮廓

fit_circle_contour_xld（SelectedXLD1，′algebraic′，−1，0，0，3，2，Row，Column，Radius，StartPhi，EndPhi，PointOrder）

* 创建圆的亚像素轮廓，如图 9-28 所示

gen_circle_contour_xld（ContCircle，Row，Column，Radius，0，6.28318，′positive′，1）

* 筛选出中心圆，如图 9-29 所示

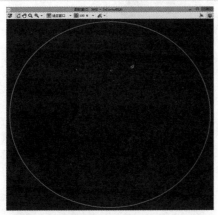
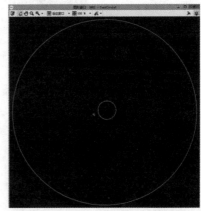

图 9-28　筛选并创建出的最大外周轮廓　　　　图 9-29　筛选并创建出的中心圆轮廓

select_shape_xld（UnionContours1，SelectedXLD2，′area′，′and′，3600，4500）

fit_circle_contour_xld（SelectedXLD2，′algebraic′，−1，0，0，3，2，Row1，Column1，Radius1，StartPhi1，EndPhi1，PointOrder1）

gen_circle_contour_xld（ContCircle1，Row1，Column1，Radius1，0，6.28318，′positive′，1）

* 筛选出 5 个小圆

select_shape_xld（UnionContours1，SelectedXLD3，[′area′，′circularity′]，′and′，[220，0.6]，[240，1]）

* 对符合大小的圆进行计数

count_obj（SelectedXLD3，Number）

* 建立循环函数将符合条件的小圆的轮廓依次筛选，做出圆近似的亚像素轮廓并创建出圆的亚像素轮廓，如图 9-30 所示

for i := 1 to Number by 1

select_obj（SelectedXLD3，ObjectSelected1，i）

fit_circle_contour_xld（SelectedXLD3，′algebraic′，−1，0，0，3，2，Row4，Column4，Radius4，StartPhi4，EndPhi4，PointOrder4）

gen_circle_contour_xld（ContCircle3，Row4，Column4，Radius4，0，6.28318，′positive′，1）

Endfor

* 显示中值滤波图像

dev_display（ImageMedian）

* 显示外圆周最大圆的轮廓

dev_display（ContCircle）

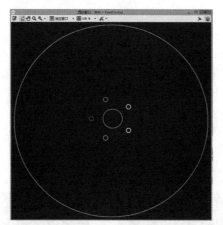

图 9-30 筛选并创建出的 5 个小圆轮廓

* 确定出外圆周直径的显示位置

set_tposition（WindowHandle，Row-Radius，Column）

* 设置显示字符串的名称和数值

write_string（WindowHandle，'圆 1 拟合直径：'＋Radius * 2）

* 显示中心圆

dev_display（ContCircle1）

set_tposition（WindowHandle，Row1-Radius1，Column1）

write_string（WindowHandle，'圆 2 拟合直径：'＋Radius1 * 2）

dev_display（ContCircle3）

* 循环显示 5 个小圆

for i ：= 1 to Number by 1

set_tposition（WindowHandle，Row4[i－1]-20，Column4[i－1]-40）

write_string（WindowHandle，'小圆'+i+'：'＋Radius4[i－1] * 2）

endfor

* 显示一个想要显示的字符串，如图 9-31 所示

disp_message（WindowHandle，'注：单位暂为像素单位'，'window'，74，44，'black'，'true'）

图 9-31 测量结果显示

1.简述图像测量的含义和应用领域。

2.简述图像测量有哪些类别,各自的视觉算法流程是什么。

3.按照测量助手的流程,测量图 9-32 所示阶梯轴的径向直径(比例尺 1:1),并输出结果。

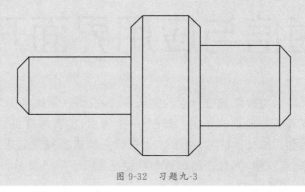

图 9-32　习题九-3

第 10 章
外围通信与应用界面开发

微课10

近年来,随着机器人与智能制造行业的迅猛发展,机器视觉技术作为行业应用的一个重要技术领域,发挥着举足轻重的作用。如图 10-1 所示,二者的有机结合提升了制造行业的先进性、智能性和柔性化。同时,由于工业机器人和机器视觉属于不同的技术范畴,中间需要通信协议完成联调,如有控制参数和视觉结果需要对外显示,还需要通过上位机平台开发出相应的应用界面。

(a)工业机器人视觉分拣　　　　　　　　(b)智能视觉巡检机器人

图 10-1　机器视觉技术在机器人与智能制造行业中的应用

 ## 10.1　工业机器人与机器视觉通信

10.1.1　应用背景

在以智能制造为核心的工业 4.0 时代背景下,随着中国制造业的不断发展,工业智能机器人产业市场呈现爆炸式增长势头,其中充当工业机器人"火眼金睛"角色的机器视觉功不可没。工业自动化的智能化升级,需要高度智能化的工业机器人去替代人类的一部分工作。显然,如果想让机器人去很好地替代人类工作的话,首先要做的就是让它们"看"到,因此,机器视觉系统可以通过机器视觉产品即图像摄取装置,将被摄取目标转换成图像信号,传送给专用的图像处理系统,得到被摄目标的形态信息,根据像素分布和亮度、颜色等信息,转变成数字化信号,然后图像系统通过对这些信号进行各种运算来抽取目标的特征,进而根据判别的结果来控制现场的设备动作。

　　概括地说,机器视觉也就是用计算机来模拟人的视觉功能,具有人脑的一部分功能,从客观事物的图像中提取信息,进行处理并加以理解,最终用于工业智能制造中的实际检测、测量和控制等自动化工作。机器视觉工业应用广泛,主要具有四个功能:

　　(1)引导和定位

　　视觉定位要求机器视觉系统能够快速、准确地找到被测零件并确认其位置,上、下料使用机器视觉来定位,引导机械手臂准确抓取。在半导体封装领域,设备需要根据机器视觉取得的芯片位置信息调整拾取头,准确拾取芯片并进行绑定,这就是视觉定位在机器视觉工业领域最基本的应用。

　　(2)外观检测

　　检测生产线上产品有无质量问题,该环节也是取代人工最多的环节。机器视觉涉及的医药领域主要检测包括尺寸检测、瓶身外观缺陷检测、瓶肩部缺陷检测、瓶口检测等。

　　(3)高精度检测

　　有些产品的精密度较高,可在 0.01~0.02 mm 甚至微米级,人眼无法检测,必须使用机器来完成。

　　(4)识别

　　识别就是利用机器视觉对图像进行处理、分析和理解,以识别各种不同模式的目标和对象。可以达到数据的追溯和采集,在汽车零部件、食品、药品等领域应用较多。

　　概括地说,机器视觉系统的特点是提高生产的柔性和自动化程度,主要应用在一些不适合人工作业的危险工作环境或人工视觉难以满足要求的场合。同时,在大批量工业生产过程中,用人工视觉检查产品质量的效率低且精度不高,用机器视觉检测方法可以大大提高生产效率和生产的自动化程度。机器视觉易于实现信息集成,它是实现计算机集成制造的基础技术。

10.1.2　服务器端和客户端

　　服务器端:从广义上讲,服务器是向网络上的其他机器提供某些服务的计算机系统(如果一个计算机对服务器端外提供 ftp 服务,也可以叫服务器)。

　　客户端:又称用户端,是指响应服务器向客户提供本地服务的程序,而不是服务器。客户端不占用储存空间。

10.1.3　创建工业机器人 Socket 通信

　　Socket 通信是 TCP/IP 通信,无协议,在微软环境下称为 Socket。它可以收发制定的数据,包括 sting 字符串、byte 数组等。在创建 Socket 时,机器人需要选择"616-1 PC Interface"选项,如图 10-2 所示。

　　在 Socket 通信时,网线与 Service 口(IP 地址固定为 192.168.125.1)或者 Wan 接口连接均可。

图 10-2 工业机器人初始化界面

10.1.4 ABB 机器人创建客户端（Client）

通常机器人和相机通信时，机器人作为客户端。

（1）在 RobotStudio 中新建一个机器人系统，注意建立系统时选中"616-1 PC Interface"复选框，如图 10-3 所示。

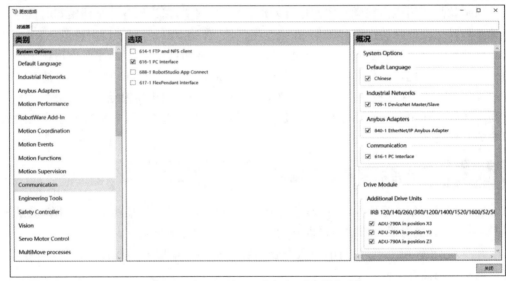

图 10-3 在 RobotStudio 中新建一个机器人系统

（2）为避免之前的连接没有被关闭，先插入 SocketClose 指令，后面的 Socket1 为新建的 Socketdev 类型的变量。

例如：SocketClose Socket1；

（3）插入创建连接 SocketCreate。

例如：SocketCreate Socket1；

（4）插入建立连接 SocketConnect，后面需要指定服务端的 IP 地址和端口，如果是在计算机和另一台虚拟控制器连接，IP 地址设为 127.0.0.1，端口自定义，建议不要用默认的 1025。这一步作用为机器人会和服务端建立连接,如果没有建立成功会一直等待,如果成功则往下执行。

例如:SocketConnect Socket1,"127.0.0.1",8000;

(5)做测试,在建立成功后,会加入一个死循环。

(6)收发数据,此处示例为 client 先发送数据给 server,再接受 server 发送回来的数据。

(7)SocketSend 后面可以发送 string 或者 byte 数组,具体可以选择不同可选变量。

(8)发送完毕后,client 接受 server 发回的数据并写屏。

10.1.5　ABB 机器人创建服务端(Server)

(1)创建连接 SocketCreate。

例如:SocketCreate Socket2;

(2)插入建立连接 SocketBind,后面需要指定服务端的 IP 地址和端口,如果是在计算机和另一台虚拟控制器连接,IP 地址设为 127.0.0.1,端口自定义,建议不要用默认的 1025。

例如:SocketBind Socket2,"127.0.0.1",7000;

(3)建立一个服务器监听指令 SocketListen,监听消息。

例如:SocketListen Socket2;

(4)建立一个接收指令 SocketAccept,保存监听的内容。

例如:SocketAccept Socket2,jietin;

(5)做测试,在建立成功后,会加入一个死循环。

(6)收发数据,SocketReceive 指令从客户端接收一个字符串并用 TPWrite 指令显示在屏幕上。

(7)SocketSend 后面可以发送 string 或者 byte 数组以确认收到消息,具体可以选择不同可选变量。

(8)在例行程序处更改声明,加上错误处理程序,这样在发生错误时会关闭客户端和服务器端。

例如:ERROR

SocketClose jietin;

SocketClose Socket2;

10.1.6　HALCON 创建客户端(Client)

(1)新建一个 HALCON 项目。

(2)写入算子 open_Socket_connect,建立 Client 端后面需要指定 Server 端的 IP 地址和端口,如果是在计算机和另一台虚拟控制器连接,IP 地址设为 127.0.0.1,端口自定义,建议不要用默认的 1025,protocol 选择 tcp,timeout 设置为 10 秒。

例如:open_Socket_connect('127.0.0.1',20000,['protocol','timeout'],['TCP',

10],Socket)

（3）写入算子 get_Socket_param，获取 Socket 的 IP 地址并保存在 Add 里。

例如：get_Socket_param(Socket,'address_info',Add)

（4）写入算子 send_data，把 Generic Sockets are great! 以字符串格式发送给
Server 端。

例如：send_data(Socket,'z','Generic Sockets are great!.',To)

（5）建立一个死循环。

（6）收发数据，此处是先接收 Server 端数据，然后发送一个 1 回去表示接收到了
消息。

例如：receive_data(Socket,'z',r,From)

send_data(Socket,'z','1',To)

（7）注意接收到的消息是有时间限制的，如果在规定时间未收到就会发生报警，这里
的规定时间就是建立 Socket 时规定的 timeout。

10.1.7　HALCON 创建服务端（Server）

（1）新建一个 HALCON 项目。

（2）写入算子 open_Socket_accept，建立服务端后面需要指定服务端的 IP 地址和端
口，如果是在计算机和另一台虚拟控制器连接，IP 地址设为 127.0.0.1，端口自定义，建议
不要用默认的 1025，protocol 选择 tcp，timeout 设置为 10 秒。

例如：open_Socket_accept(8000,['address','protocol','timeout'],['127.0.0.1',
'TCP',10],AcceptingSocket)

（3）写入算子 dev_error_var，创建一个错误参数 ErrorVar，并设置为 1，表示使用该
错误，如果没有错误，错误代码为 2。

例如：dev_error_var(ErrorVar,1)

（4）写入算子 dev_set_check，设置错误不报警并且程序继续执行下一个操作符。

例如：dev_set_check('-give_error')

（5）建立一个 while 循环，循环条件设置为 ErrorVar 不等于 2

例如：while(o! =2)

（6）写入算子 Socket_accept_connect，监听是否有 Client 建立连接，如果在规定时间
内没有建立连接，就算发生错误。

例如：Socket_accept_connect(AcceptingSocket,'auto',Socket)

（7）写入算子 dev_set_check，设置错误报警。

例如：dev_set_check('give_error')

（8）写入算子 set_Socket_param，设置 Socket 的 timeout 为 360 秒；保存 Client 端的
IP 地址，然后就可以互相通信了。过程与 Client 一致。

例如：set_Socket_param(Socket,'timeout',360)

get_Socket_param(Socket,'address_info',Add)

附:完整的程序

ABB 机器人创建客户端(Client)的实例,如图 10-4 所示。

```
1   MODULE MainModule
2     VAR socketdev socket1;
3     VAR string string1:="";
4     PROC main()
5       SocketClose socket1;
6       SocketCreate socket1;
7       SocketConnect socket1, "127.0.0.1", 8000;
8       WHILE TRUE DO
9         SocketSend socket1\Str:="hello sss";
10        SocketReceive socket1\Str:=string1;
11        TPWrite "server-" + string1;
12      ENDWHILE
13    ENDPROC
14  ENDMODULE
```

加载程序...   PP 移至 Main   调试

图 10-4　ABB 机器人创建客户端(Client)

ABB 机器人创建服务端(Server)的实例,如图 10-5 所示。

自动　　　　　　　　　电机关闭
IRB_1600_6kg_1..(DESKTOP-QH..)　己停止(速度 100%)

自动生产窗口 : NewProgramName - T_ROB1/MainModule/main

```
7     PROC main()
8       SocketCreate socket2;
9       SocketBind socket2, "127.0.0.1", 7000;
10      SocketListen socket2;
11      SocketAccept socket2, jietin;
12      WHILE TRUE DO
13        SocketReceive jietin\Str:=suju;
14        TPWrite suju;
15        SocketSend jietin\Str:="queding";
16      ENDWHILE
17      ERROR
18        SocketClose jietin;
19        SocketClose socket2;
20    ENDPROC
```

加载程序...   PP 移至 Main   调试

图 10-5　ABB 机器人创建服务端(Server)

HALCON 创建客户端(Client)的实例,如图 10-6 所示。

程序窗口 - main () - 主线程: 17096

main (: : :)

```
1  open_socket_connect ('127.0.0.1', 20000, ['protocol','timeout'], ['TCP',10], Socket)
2  get_socket_param (Socket, 'address_info', Add)
3  To := []
4  send_data (Socket, 'z', 'Generic sockets are great!.', To)
5  while(true)
6    r:=[]
7    receive_data(Socket, 'z', r, From )
8    send_data (Socket, 'z', '1', To)
9    ri:=r
10   stop()
11 endwhile
12 stop()
13 close_socket(Socket)
```

图 10-6　HALCON 创建客户端(Client)

HALCON 创建服务端(Server)的实例,如图 10-7 所示。

```
程序窗口 - main* () - 主线程: 6560
⇦ ⇨ ▣ 🔲 *main ( : : : )
➡ 1 open_socket_accept(8000,['address','protocol','timeout'],['127.0.0.1','TCP',10],AcceptingSocket)
  2 dev_error_var(ErrorVar, 1)
  3 o:=1
  4 dev_set_check('~give_error')
  5 while (o!=2)
  6     socket_accept_connect(AcceptingSocket,'auto', Socket)
  7     o:=ErrorVar
  8 endwhile
  9 dev_set_check ('give_error')
 10 set_socket_param(Socket, 'timeout', 360)
 11 get_socket_param(Socket,'address_info' , add)
 12 To := []
 13 send_data (Socket, 'z', 'Generic sockets are great!.', To)
 14 while(true)
 15     r:=[]
 16     receive_data(Socket, 'z', r, From )
 17     ri:=r
 18 stop()
 19 endwhile
 20 stop()
 21 close_socket(AcceptingSocket)
 22 close_socket(Socket)
 23
```

图 10-7　HALCON 创建服务端(Server)

 # 10.2　机器视觉与西门子 PLC 通信

10.2.1　TCP（客户端）

1.S7-1200 TCP(客户端)通信简介

使用"TSEND_C"指令设置和建立通信连接。设置并建立连接后,CPU 会自动保持和监视该连接。

该指令异步执行且具有以下功能:

(1)设置并建立通信连接。

(2)通过现有的通信连接发送数据。

(3)终止或重置通信连接。

2.创建项目

(1)打开 TIA Portal V16,创建一个新项目,添加 CPU 1214C DC/DC/DC V4.4 并设置 CPU 的 IP 地址。IP 地址与 PLC 设备的 IP 地址保持一致,如图 10-8 所示。

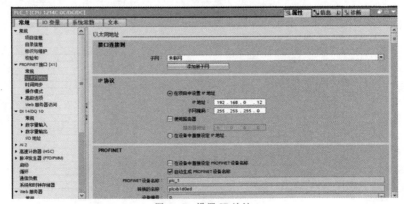

图 10-8　设置 IP 地址

（2）打开防护与安全，选中"允许来自远程对象的 PUT/GET 通信访问"复选框，如图 10-9 所示。

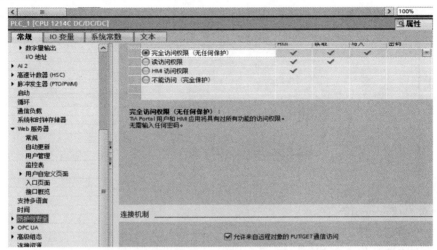

图 10-9　允许来自远程对象的 PUT/GET 通信访问

（3）打开系统和时钟存储器，选中"启用时钟存储器字节"复选框，因为通信快触发需要用到 Clock_10Hz。如果不需要用到 Clock_10Hz，可不选中"启用时钟存储器字节"复选框，如图 10-10 所示。

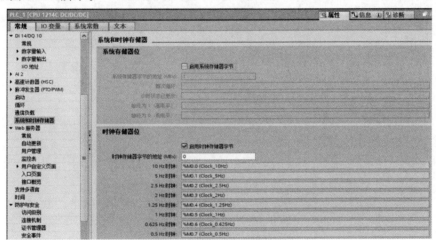

图 10-10　勾选启动时针存储器字节

（4）TCP 客户端功能编程。

TSEND_C 进行客户机和服务器连接、发送命令消息，以及控制服务器的断开。固件版本：TSEND_C 的固件版本 V3.0，如图 10-11 所示。

图 10-11　TSEND_C V3.0 版本指令

(5)添加 TSEND_C 通信指令。

将 TSEND_C 指令块在"程序块->OB1"中的程序段里调用,调用时会自动生成背景DB,单击"确定"按钮即可,如图 10-12 所示。

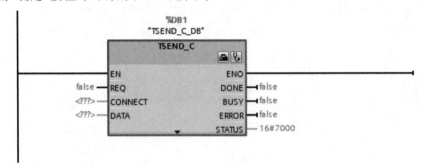

图 10-12　TSEND_C 通信指令

(6)对通信进行组态。

①选择通信伙伴为未指定。

②单击连接数据选择新建。

③设置"伙伴"IP 地址为 192.168.0.100,与图 10-8 的 IP 地址对应。

④设定"伙伴端口"为 2000,如图 10-13 所示。

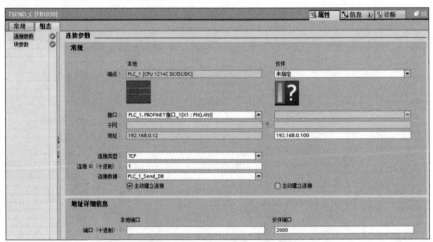

图 10-13　TSEND_C 组态通信连接

(7)编写发送数据 DATA 并下载。

①创建一个发送的数据块,然后数据块设定 8 个字节的发送区,如图 10-14 所示。

	发送				
		名称	数据类型	偏移量	起始值
		▼ Static			
1		1	Int	...	0
2		2	Int	...	0
3		3	Int	...	0
4		4	Int	...	0
5		5	Int	...	0
6		6	Int	...	0
7		7	Int	...	0
8		8	Int	...	0

项目4
　添加新设备
　设备和网络
　▼ PLC_1 [CPU 1214C DC/DC/DC]
　　设备组态
　　在线和诊断
　　▼ 程序块
　　　添加新块
　　　Main [OB1]
　　　发送 [DB4]

图 10-14　发送数据块的设定

194

②找到发送数据块属性,取消选中"优化的块访问"复选框,如图 10-15 所示。

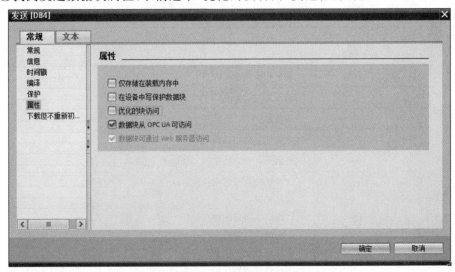

图 10-15　取消选中"优化的块访问"复选框

③将处理好的发送数据块拖到 DATA 引脚,并在 REQ 引脚给一个上升沿触发信号,如图 10-16 所示。

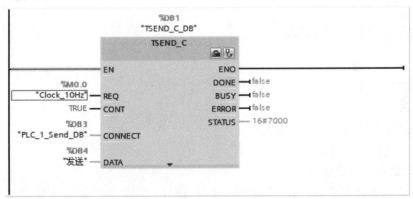

图 10-16　数据发送指令

注意:S7-1200 作为客户端时,调用并下载 TSEND_C 后,CPU 会自动周期性地发送 TCP 连接请求直到被服务器侦听到,从而建立 TCP 连接。

3. 通信测试

打开调试软件,选中 TCP Server,然后单击"创建"按钮,弹出监听窗口,端口设置为 2000,与图 10-13 所示的伙伴端口对应,IP 地址自动生成,连接成功后,即可在接收窗口看到由 PLC 客户端发送的数据,如图 10-17 所示。

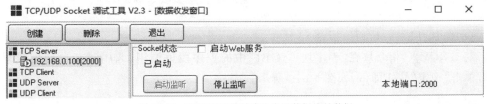

图 10-17　TCP 调试助手读取发送数据块的数据

ERROR 和 STATUS 参数代码见表 10-1。

表 10-1   **ERROR 和 STATUS 参数代码**

ERROR	STATUS * （W#16#...）	代码说明
0	0000	发送作业已成功执行
0	0001	通信连接已建立
0	7000	连接建立的初次调用
0	7001	连接建立的初次调用
0	7002	当前正在建立连接（与 REQ 无关）
1	80A1	连接或端口已被用户使用； 通信错误； 尚未建立指定的连接； 正在终止指定的连接； 无法通过此连接进行传送； 正在重新初始化接口
1	80A4	远程连接端点的 IP 地址无效，或者与本地伙伴的 IP 地址重复

说明：除了上面列出的错误外，也可以根据实际情况，参考帮助查询错误代码。

10.2.2   TCP（服务端）

（1）S7-1200 TCP（服务端）通信简介。

"TRCV_C"指令异步执行并会按顺序实施以下功能：

①设置并建立通信连接。

②通过现有的通信连接接收数据。

③终止或重置通信连接。

（2）TCP 服务端功能编程。

TRCV_C 进行客户机和服务器连接、接收命令消息，以及控制服务器的断开。固件版本：TRCV_C 的固件版本是 V3.0，如图 10-18 所示。

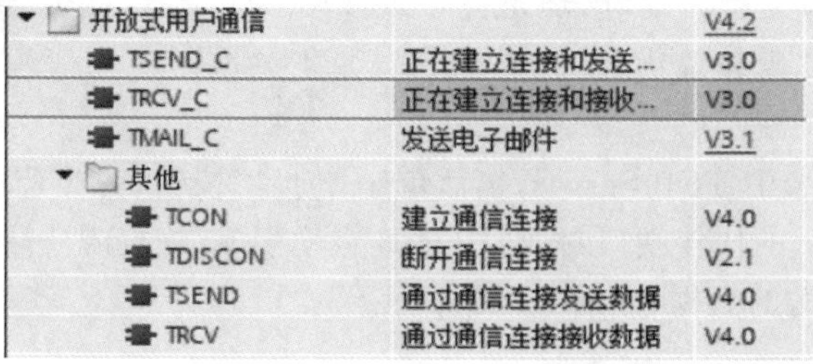

▼ □ 开放式用户通信		V4.2
≢ TSEND_C	正在建立连接和发送...	V3.0
≢ TRCV_C	正在建立连接和接收...	V3.0
≢ TMAIL_C	发送电子邮件	V3.1
▼ □ 其他		
≢ TCON	建立通信连接	V4.0
≢ TDISCON	断开通信连接	V2.1
≢ TSEND	通过通信连接发送数据	V4.0
≢ TRCV	通过通信连接接收数据	V4.0

图 10-18   TRCV_C V3.0 版本指令

（3）添加 TRCV_C 通信指令。

将 TRCV_C 指令块在"程序块->OB1"中的程序段里调用，调用时会自动生成背景 DB，单击"确定"按钮即可，如图 10-19 所示。

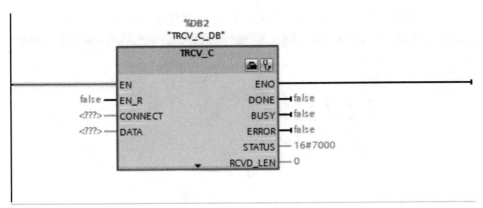

图 10-19 TRCV_C 通信指令

（4）对通信进行组态。

①选择通信伙伴为未指定。

②单击连接数据选择新建。

③设置"伙伴"IP 地址为 192.168.0.100，与图 10-8 的 IP 地址对应。

④设定"本地端口"为 2001，如图 10-20 所示。

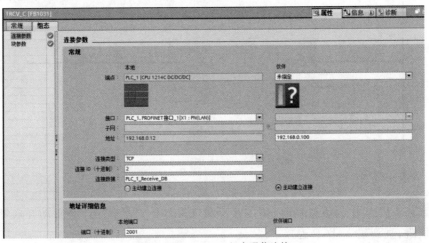

图 10-20 TRCV_C 组态通信连接

（5）编写接收数据 DATA 并下载。

①创建一个接收的数据块，然后数据块设定 8 个字节的接收区，如图 10-21 所示。

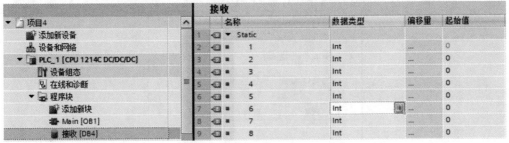

图 10-21 接收数据块的设定

②找到接收数据块属性,取消选中"优化的块访问"复选框,如图 10-22 所示。

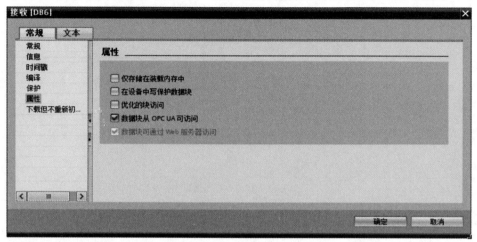

图 10-22　取消选中"优化的块访问"复选框

③将处理好的接收数据块拖到 DATA 引脚,并在 EN_R 引脚给一个触发信号启用接收功能,如图 10-23 所示。

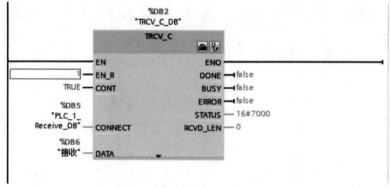

图 10-23　数据发送指令

注意:S7-1200 作为服务器时,调用并下载 TSEND_C 后,CPU 会自动开启针对指定端口的侦听,直到建立 TCP 连接。

(6)通信测试。

①打开调试软件,选中 TCP Client,然后单击"创建"按钮,弹出监听窗口,端口设置为 2001,IP 地址为 192.168.0.12,如图 10-24 所示。

图 10-24　设置服务器 IP 地址和端口

②单击"确定"按钮,软件不会自动连接 PLC 服务端,单击"连接"按钮连接 PLC 服务端,然后在发送窗口输入 2,单击"发送数据"按钮,即可将数据发送到 PLC 服务端,如图 10-25 所示。

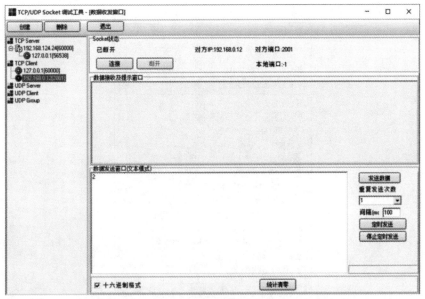

图 10-25　客户端创建完成

③通信结果如图 10-26 所示,从客户端将数据 2 发送到服务器的 DB6.DBW0 区域。

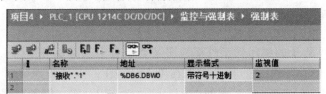

图 10-26　通信结果

10.3　Visual Studio 应用界面开发

机器视觉软件属于专业化较强的视觉分析、图像处理平台,为扩大用户的使用范围,往往需要将视觉算法流程通过上位机应用开发平台,固化成通俗易懂的操作界面,进而加大各平台间的数据传输和数字化显示。本节以 Visual Studio(简称"VS")平台为例,采用 C♯语言将 HALCON 视觉算法输出转化为常用的 Winform 窗体,便于用户使用。因篇幅有限仅介绍主要涉及流程。

10.3.1　以 C♯格式导出 HALCON 程序

HALCON 视觉软件支持 C++、C♯等多种编程语言,本案例以 C♯语言作为编程语言工具。

在 HALCON 视觉软件中完成初步算法设计后,将 HALCON 程序通过"另存为"的方式导出,以 C♯ 语言程序在 VS2010 中进行下一步编程。在菜单栏选择"导出"选项,选择文件保存位置,格式为 C♯,其他保持默认,单击"导出"按钮进行导出。将保存的文件选择 VS2010 软件打开,即实现 HALCON 文件格式与 C♯ 文件之间的转换。如图 10-27 所示。

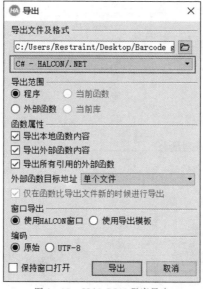

图 10-27　HALCON 程序导出

10.3.2　配置环境

因 HALCON 算子的调用属于外部程序,C♯ 语言中就需要搭建属于 HALCON 的环境,以便能运行 HALCON 中的算子。先在 HALCON 的安装目录"x64.win64"中找到"halcon.dll"与"dotnet35"文件夹中的 "halcondotnet.dll",将它们复制到程序目录里。如图 10-28 和图 10-29 所示。

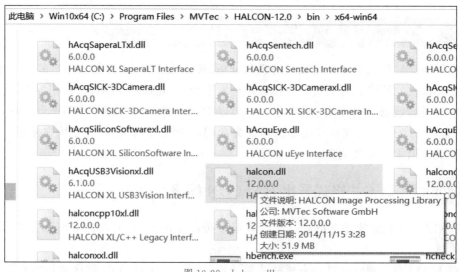

图 10-28　halcon.dll

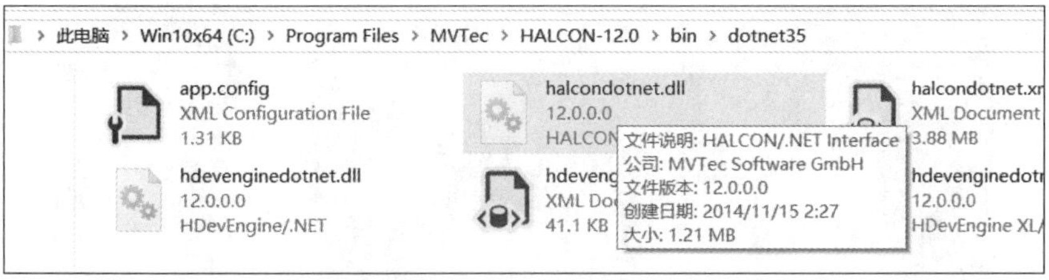

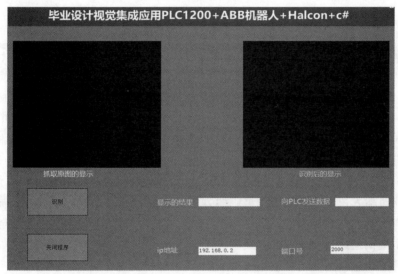

图 10-29　halcondotnet.dll 文件

在 C♯语言程序的"解决方案"里,将复制的环境添加并引用,在程序代码最上端添加"using halconDotNet;"。添加完成后 C♯语言程序才能使用 HALCON 中的算子。

10.3.3　Winform 窗体界面设计

在窗体的设计可以使用 C♯语言自带控件完成。Winform 窗体界面如图 10-30 所示。

毕业设计视觉集成应用PLC1200+ABB机器人+Halcon+c#

抓取原图的显示　　　　识别后的显示

识别　　显示的结果　　　　向PLC发送数据

关闭程序　　ip地址　192.168.0.2　端口号　2000

图 10-30　Winform 窗体界面

10.3.4　窗体界面显示逻辑

创建完成窗体后要建立起窗体界面显示的逻辑,具体逻辑可分为以下几点:

(1)在登录界面,账号密码输入出错关闭后应将整个程序关闭,成功后进入主界面。

(2)关闭主界面窗口后,将导致整个程序的关闭。

(3)除登录界面、主界面之外的其他界面关闭后,将跳转到主界面。

(4)进入主界面,单击"识别"按钮时,相机会等待 PLC 的信号,拍照完成后,结果会显示在界面上,然后向 PLC 发送信号,如图 10-31 所示为工作时状态。

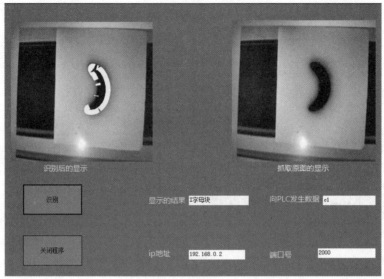

图 10-31　工作时状态

10.4　案例应用:收发快递机器人视觉系统设计

本案例主要研究快递机器人课题中的视觉图像处理与上位机的制作,通过 HALCON 程序对图像进行处理、C♯开发、上位机开发,实现快递信息的获取并通过上位机的串口通信到单片机,以此来控制机器人运动,实现通过机器人存放、取出快递操作。案例在视觉部分通过对图像的预处理,识别快递表面条形码信息与快递外形的信息,并在 C♯开发的视觉上位机进行处理、分析,分配合适的快递位信息给单片机;在取快递阶段,用户可以通过输入快递号或扫描二维码的方式进行取件操作,视觉部分在扫描二维码阶段可以进行扫码匹配信息操作,信息比对正确后,上位机会发送取快递的信息至单片机进行处理。本案例通过视觉处理的方式完成了原本由人工放快递、取快递的环节,能在一定程度上提升了快递驿站的工作效率。

10.4.1　视觉系统整体方案设计

1.设计要求

通过 HALCON 与 C♯语言的联合,开发快递收、发的视觉上位机。上位机分为存快递与取快递两个模块。在存快递模块中,通过摄像机获取并在计算机端完成图像处理,获取到快递的条形码信息与快递的尺寸信息,并存储在上位机中,上位机通过串口通信发送快递柜信息给单片机,以此控制机器人的动作;在取快递模块中,用户选择扫码或手动输入快递信息(或身份信息),上位机进行数据的分析后将快递柜信息发送给单片机进行下一步动作。

快递在快递柜的存放位置分为大、中、小三类,预设为大的快递存放位置有 10 个、中等的快递存放位置有 10 个、小的快递存放位置有 10 个,如若需要添加可再进行添加。

设计可大体分为三个模块：视觉识别条形码二维码信息模块、视觉识别快递信息模块、上位机制作模块。

2. 工作原理流程

开发阶段主要可分为视觉图像算法开发阶段与上位机开发阶段。图像算法流程较为线性，可分为一维码、二维码识别流程和获取快递外形参数信息流程；上位机处理流程为主要流程，相对来说会较为复杂。

图像算法开发阶段如图 10-32 所示。

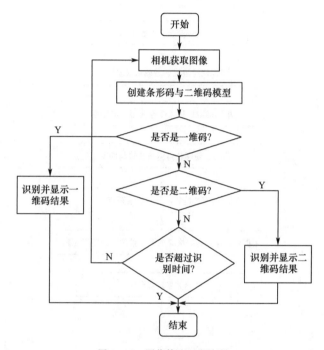

图 10-32　图像算法开发阶段

3. 获取快递外形参数信息流程

快递外形参数信息的获取首先依旧是获取图像，获取图像后使用中值滤波与高斯滤波进行图像的预处理，通过二值化、筛选面积、区域做差等方法获取快递边框图像，再通过获取 XLD 轮廓的方式求取快递外形的长、宽像素距离，获取快递外形的宽、高信息同样适用此方法。具体流程如图 10-33 所示。

4. 软、硬件选型

在计算机端软件方面，视觉处理程序开发通过 HALCON 12.0 完成；HALCON 与 C♯语言联合开发上位机的软件由 Visual Studio 2019 完成。

在计算机端硬件方面，相机采用 BASLER acA1600-20gm 型号，该相机为 200w 像素的黑白相机，镜头采用 12 mm 的焦距镜头，光源采用最常见的条形光源。

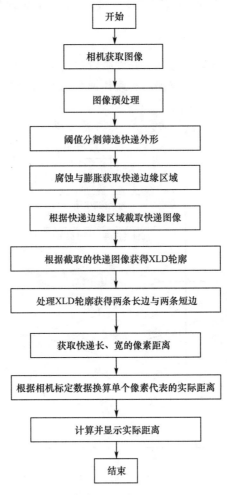

图 10-33　获取快递外形参数信息的流程

10.4.2　快递实物的图像处理

1. 图像提取

图像是通过相机拍摄提取的,而获取图像的步骤在 HALCON 中较为固定:打开相机→获取图像→关闭相机。首先通过 open_framegrabber( )算子识别并打开相机,然后通过 grab_image_async( )算子获取图像,最后使用 close_framegrabber( )算子关闭摄像机。

在本案例中,需要获取的图像有含标定板的标定照片、存快递时的条形码图片、快递外形图片、取快递时的二维码图片。

2. 一维码的识别原理及过程

一维码由前置码、起始符、数据符、校验符、终止符等组成(图 10-34),一维码的部分黑色线条代表 1、白色线条代表 0,而线条厚度的变化代表 0 和 1 的数量,其中前置码部分规定了白色、黑色线条代表一个 0 或一个 1 的宽度是多少。

图 10-34　一维码的组成

3. 二维码的识别原理及过程

二维码的识别过程与一维码的识别过程大体相似,原理略有不同。

二维码图像由定位图案、版本信息、对齐图案、定位图案分割器、时序图案、格式信息等组成(图 10-35)。二维码图像识别时,使用局部阈值法二值化图像,再使用形态学滤波、Harris 角点检测、凸包算法、提取 QR 码的轮廓、计算 QR 码顶点角点坐标、透视变换校正,以确定二维码的位置信息,再将二维码进行解码操作,即可读取二维码的内部信息。

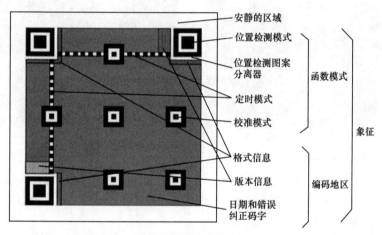

图 10-35　二维码的组成

在 HALCON 中,获取到的二维码图像进行预处理后再经过 HALCON 相关的算子即可实现二维码的读取。使用 create_data_code_2d_model( )算子创建二维码模型,二维码的模型有多种,在本研究课题中使用"QR Code"模型,该模型为 QR 码(Quick Response),选择 QR 码是因为其具有容量高、响应快、能表示汉字、适用范围广等优点;下一步使用 find_data_code_2d( )算子定位、解码二维码,并将识别结果保存,同上,使用 get_string_extents( )算子可获取识别到的结果。

4. 相机的标定及其过程

相机标定的作用主要是将像素坐标转化为实际坐标,而 HALCON 的标定过程是为了获得相机的内部参数与外部参数,从而通过公式的转换推算像素坐标与实际坐标的关系,实际坐标(X_w, Y_w, Z_w)与像素坐标(u, v)的转换数学表达式为

$$Z_c \begin{bmatrix} u \\ v \\ 1 \end{bmatrix} = \begin{bmatrix} \dfrac{f}{d_x} & 0 & u_0 & 0 \\ 0 & \dfrac{f}{d_y} & v_0 & 0 \\ 0 & 0 & 1 & 0 \end{bmatrix} \begin{bmatrix} R & T \\ 0^T & 1 \end{bmatrix} \begin{bmatrix} X_w \\ Y_w \\ z_w \\ 1 \end{bmatrix} = M_1 M_2 X$$

其中,M_1 为相机内部参数,包括焦距 f、单个像素元的宽 d_y、单个像素元的高 d_x、图像长度的像素值 u_0、图像宽度的像素值 v_0 五个参数;M_2 为相机外部参数,包括旋转矩阵 R 与平移矩阵 T。

5. 快递外形信息的获取

在获取标定板图像时,也同步获取到了一个盒子的图像代替快递图像进行图像处理(图 10-36)。获取图像后,首先进行图像的预处理,预处理的作用是去除图像中的噪声干扰,本案例采用中值滤波与高斯滤波消除噪声。预处理后图像如图 10-37 所示。

图 10-36 原图　　　　　　　　　　图 10-37 预处理后图像

经过一系列处理,获得轮廓后,使用 segment_contours_xld( )算子进行边缘的分割;select_shape_xld( )算子筛选轮廓;sort_contours_xld( )算子将筛选出来的轮廓进行排序,从左往右依次排序。这样我们可以看到线 1、线 4 为盒子的两条宽边,线 2、线 3 为盒子的两条长边(图 10-38)。

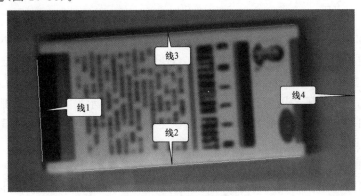

图 10-38 最终获得的边缘

盒子的长、宽像素值见表 10-2。

表 10-2　　　　　　　　　　　　盒子的长、宽像素值

盒子长/pixel	487.889
盒子宽/pixel	238.109

计算数据与实际数据见表 10-3。

表 10-3　　　　　　　　　　　　　　　　　计算数据与实际数据

计算得到的长度/mm	1 059.99
计算得到的宽度/mm	517.315
实际长度/mm	1 060.9
实际宽度/mm	520.6

10.4.3　VS2019 的 Winform 窗体设计

1. 以 C♯ 语言格式导出 HALCON 程序

在 HALCON 中,菜单栏单击"导出"选项,在"导出文件及格式"下选择文件保存的位置与格式,其他保持默认,单击"导出"按钮,即能在保存的位置找到相对应的文件,选择 VS2019 可将其打开。

2. 配置环境

因为 HALCON 算子的调用属于外部程序,C♯ 语言就需要搭建属于 HALCON 的环境,以便能运行 HALCON 里的算子。

3. 窗体界面的显示逻辑

如图 10-39 所示,窗体创建完成后要建立窗体显示的逻辑,具体逻辑可分为以下几点:

(1)在登录界面,账号密码输入出错关闭后应将整个程序关闭,成功后进入主界面。

(2)关闭主界面窗口后,将导致整个程序的关闭。

(3)除登录界面、主界面之外的其他界面关闭后,将跳转到主界面。

(4)在手动取快递界面与二维码取快递界面中单击"返回上一步"按钮后应该是取快递选择界面。

(5)后台权限密码输入界面,输入密码正确后,对应进入"设置通信后台界面"或"查看快递存放信息后台界面",单击"关闭"图标后回到主界面。

(6)在所有界面中"返回上一步"按钮与"返回主界面"按钮具备其对应功能。

查看快递存放信息后台界面如图 10-39 所示。

图 10-39　查看快递存放信息后台界面

10.4.4　串口通信

串口通信是指上位机与单片机之间的通信方式,本案例采用电子设备间常见的串口通信方式,在 C♯ 语言编程里,串口通信使用 System. IO. Ports 函数来调用全局串口通信,串口通信部分单独创建关于串口通信的类,此类中包含串口打开方法、串口关闭方法、返回串口状态方法、扫描串口方法、发送串口数据方法。

1. HALCON 的 C♯ 语言代码写入程序与 hWindowControl 控件的使用

采用 HALCON 与 C♯ 语言联合开发就是因为 HALCON 只是作为图像处理的程序使用,它无法做到与下位机通信和上位机软件界面的设置,在与 C♯ 语言联合开发过程中,避免不了在 C♯ 语言中调用 HALCON 算子。

首先要知道需要在哪些窗体界面调用 HALCON 程序,就在哪个控件下插入代码,例如在取快递扫描二维码界面会调用 HALCON 程序,那么就将前面导出的 C♯ 语言代码打开,将变量、代码程序进行复制、粘贴放在对应位置即可。

2. 信息匹配与结果的输出

在取出快递与查看后台快递信息时,需要与快递柜现存的快递信息进行匹配,匹配与结果的输出规则如下:

(1)当进入查看快递存放信息后台界面时,将现存的快递信息显示在对应的快递柜格子内。

(2)当取快递时,手动输入或通过二维码扫描到信息后,需要进行信息的匹配,若信息匹配成功,则向单片机发送相应的取快递的快递柜信息。

(3)当信息匹配失败时,提示用户没有快递信息。

信息的匹配涉及快递信息的永久存储,比如当程序关闭并重新打开后,上次存储的快递数据要依旧存在。

10.4.5　快递机器人视觉识别系统仿真与联调

在电脑上进行上位机的仿真调试,暂时只测试取快递时二维码的扫描,因为这既涉及图像的处理,又连接了通信,同时能调用计算机的摄像头,模拟打开摄像头采集图像的场景。如图 10-40 所示。

图 10-40　匹配正确

习题十

1.简述机器视觉平台可以与哪位外围硬件进行通信,各自的通信方式和协议是什么。

2.Visual Studio 是一款应用界面开发平台,根据本章内容,总结 Winform 窗体设计的流程,阐述有哪些功能可以使用。

3.如图 10-41 所示为某机动车车牌,结合第 8 章车牌识别案例,运用 Visual Studio 平台,设计一款可实时显示的 Winform 应用平台。

图 10-41　某机动车车牌

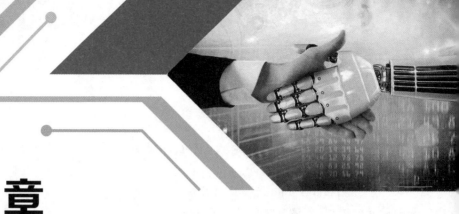

第11章
其他机器视觉软件与案例应用

 ## 11.1　其他机器视觉软件

微课11

11.1.1　Open CV

　　Open CV 是基于 Apache2.0 许可（开源）发行的跨平台计算机视觉和机器学习软件库。它具有轻量级而且高效的特点，由一系列 C 函数和少量 C＋＋类构成，同时为 Python、Ruby、MATLAB 等语言提供了对应的接口。Open CV 拥有包括 500 多个 C 函数的跨平台的中、高层 API。它并不完全依赖于其他的外部库。可以实现图像处理和计算机视觉方面的多个通用算法。（图 11-1）

图 11-1　Open CV 软件图标

1. Open CV 的历史发展

　　Open CV 最初基于 C 语言开发，API 也都是基于 C 语言的，存在内存管理、指针等 C 语言固有的问题，在 2006 年 10 月 Open CV 1.0 发布时，部分使用了 C＋＋，同时支持 Python，其中已经有了 random trees、boosted trees、neural nets 等机器学习方法，并且完善了对图形界面的支持。2008 年 10 月 Open CV 1.1pre1 发布，使用 VS2005 构建，Python bindings 支持 Python 2.6，Linux 下支持 Octave bindings，在这一版本中加入了 SURF、RANSAC、Fast approximate nearest neighbor search 等，Face Detection（cvHaarDetectObjects）也变得更快。

　　从 2010 年开始，Open CV 2.x 决定不再频繁支持和更新 C API，而是专注在 C＋＋ API，C API 仅作备份。2009 年 9 月 Open CV 2.0 beta 发布，主要使用 C Make 构建，加入了很多新特征等内容，如 FAST、LBP 等。2010 年 4 月 Open CV 2.1 版本，加入了

Grabcut 等,可以使用 SSE/SSE2 等指令集。2010 年 10 月 2.2 版本发布,Open CV 的模块变成了大家熟悉的模样,像 Open CV_imgproc、Open CV_features2d 等,同时有了 Open CV_contrib 用于放置尚未成熟的代码,Open CV_gpu 放置使用 CUDA 加速的 Open CV 函数。2011 年 6 月发行的 Open CV 2.3.x 版本和 2012 年 4 月发行的 Open CV 2.4.x 版本,既增加了新方法,又修复了 bug,同时加强了对 GPU、Java for Android、Open CL、并行化的支持。Open CV 的功能也愈加稳定和完善。2014 年 8 月 Open CV 3.0 alpha 发布,除大部分方法都使用 Open CL 加速外,Open CV 3.x 均默认包含,并使用 IPP,同时,MATLAB bindings、Face Recognition、SIFT、SURF、text detector、motion templates & simple flow 等都移到了 Open CV_contrib 下,并包含了其他大量涌现的新方法。2017 年 8 月发布了 Open CV 3.3 版本,2017 年 12 月发布了 Open CV 3.4 版本,Open CV_dnn 从 Open CV_contrib 移至 Open CV,同时 Open CV 开始支持 C++ 11 的构建,之后对神经网络的支持逐渐加强,Open CV_dnn 被持续改进和扩充。2018 年 10 月 Open CV 4 发布,Open CV 开始需要支持 C++11 的编译器才能编译,同时对几百个基础函数使用"wide universal intrinsics"重写,这些内联函数可以根据目标平台和编译选项映射为 SSE2、SSE4、AVX2、NEON 或者 VSX 内联函数,以便获得性能提升。此外,还加入了 QR code 的检测和识别,以及 Kinect Fusion algorithm,DNN 也在持续改善和扩充。

Open CV 提供的视觉处理算法非常丰富,并且它部分以 C 语言编写,加上其开源的特性,不需要添加新的外部支持即可完整的编译链接生成执行程序,因此可用来做算法的移植,Open CV 的代码经过适当改写可以正常地运行在 DSP 系统和 ARM 嵌入式系统中。

2. Open CV 的优势

计算机视觉市场巨大且持续增长,但在这方面没有标准 API,计算机视觉软件大概有以下三种:

(1)有专用的研究代码,速度慢,不稳定,独立并与其他库不兼容。

(2)需要耗费很高的商业化工具,比如需要与 Halcon、MATLAB+Simulink 等配套使用。

(3)需要依赖硬件的一些特别的解决方案,比如需要与视频监控、制造控制系统、医疗设备等结合使用。

这是如今计算机视觉软件的现状,而标准的 API 将简化计算机视觉程序和解决方案的开发,Open CV 致力于成为这样的标准 API。Open CV 致力于现实世界的实时应用,通过优化的 C 语言代码的编写,提升其执行速度,并且可以通过购买 Intel 的 IPP 高性能多媒体函数库(Integrated Performance Primitives)来得到更快的处理速度。

3. Open CV 的应用领域

Open CV 几乎可以做任何你能想到的计算机视觉任务,它功能强大,应用领域广泛,包括人机互动、物体识别、图像分割、人脸识别、动作识别、运动跟踪、机器人运动分析、机器视觉、结构分析、汽车安全驾驶等。

4. Open CV 的编程语言

Open CV 是用 C++语言编写,它的主要接口也是用 C++语言,但是依然保留了大量的 C 语言接口,还有大量的 Python、Java and MATLAB/OCTAVE(版本 2.5)接口。这些语言的 API 接口函数可以通过在线文档获得。如今也提供对于 C♯、Ch、Ruby 的支持。

5. Open CV 支持的系统

Open CV 可以在 Windows、Android、Maemo、FreeBSD、OpenBSD、iOS,Linux 和 Mac OS 等平台上运行。

11.1.2　MATLAB

　　MATLAB 是美国 MathWorks 公司出品的商业数学软件,可用于数据分析、无线通信、深度学习、图像处理与计算机视觉、信号处理、量化金融与风险管理、机器人、控制系统等领域。MATLAB 是 matrix&laboratory 两个词的组合,意为矩阵工厂(矩阵实验室)。该软件主要面对科学计算、可视化,以及交互式程序设计的高科技计算环境。它将数值分析、矩阵计算、科学数据可视化,以及非线性动态系统的建模和仿真等诸多强大功能集成在一个易于使用的视窗环境中,为科学研究、工程设计和必须进行有效数值计算的众多科学领域提供了一种全面的解决方案,并在很大程度上摆脱了传统非交互式程序设计语言(如 C、Fortran)的编辑模式。MATLAB 和 Mathematica、Maple 并称为三大数学软件。在数学类科技应用软件中,MATLAB 在数值计算方面具有较强的优势。

图 11-2　MATLAB 软件图标

1. MATLAB 的历史发展

　　20 世纪 70 年代,美国新墨西哥大学计算机科学系主任 Cleve Moler 为了减轻学生编程的负担,用 FORTRAN 编写了最早的 MATLAB。1984 年由 Little、Moler、Steve Bangert 合作成立 MathWorks 公司正式把 MATLAB 推向市场。并继续进行 MATLAB 的研究开发,逐步将其发展成为一个集数值处理、图形处理、图像处理、符号计算、文字处理、数学建模、实时控制、动态仿真、信号处理为一体的数学应用软件。20 世纪 90 年代,MATLAB 已成为国际控制界的标准计算软件。2000 年 10 月底推出了 MATLAB 6.0 正式版(Release12),在核心数值算法、界面设计、外部接口、应用桌面等诸多方面都有了极大的改进。2006 年 9 月,MATLAB R2006 正式发布,从此,MathWorks 公司将每年进行两次产品发布,时间分别在每年的 3 月和 9 月,而且,每一次发布都会包含所有的产品模块,如产品的 fixes 和新产品模块的推出。

2. MATLAB 的优势

　　(1)高效的数值计算及符号计算功能,能帮助用户处理繁杂的数学运算分析。

（2）具有完备的图形处理功能，实现计算结果和编程的可视化。

（3）友好的用户界面及接近数学表达式的自然化语言，使用户易于学习和掌握。

（4）功能丰富的应用工具箱（如信号处理工具箱、通信工具箱等），为用户提供了大量方便实用的处理工具。

3. MATLAB 的应用领域

MATLAB 的应用领域包括数值分析、数值和符号计算、工程与科学绘图、控制系统的设计与仿真、数字图像处理、数字信号处理、通信系统设计与仿真、财务与金融工程等。

4. MATLAB 的编程语言

MATLAB 的基本数据单位是矩阵，它的指令表达式与数学、工程中常用的形式十分相似，故用 MATLAB 来计算问题要比用 C、FORTRAN 等语言完成相同的事情简捷得多，并且 MATLAB 也吸收了像 Maple 等软件的优点，使 MATLAB 成为一个强大的数学软件。在新的版本中也加入了对 C、FORTRAN、C++、JAVA 语言的支持。

5. MATLAB 支持的系统

MATLAB 支持多种操作系统，其中比较常见的系统，如 Windows、OS/2、Macintosh、SunUnix、Linux 等均可使用。现在的 MATLAB 不再是一个简单的矩阵实验室，它已经演变成为一种具有广泛应用前景的全新的计算机高级编程语言。

11.1.3　In-Sight

In-Sight 是康耐视公司研发的机器视觉系统，主要专注于自动化产线上工件的检验、识别和引导。In-Sight 是一个独立的工业级视觉系统，包含高级视觉工具库，具有高速图像采集和处理功能。该系统提供了多种型号，包括线扫描和彩色系统，可以满足大多数价格和性能要求。

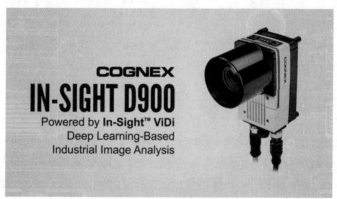

图 11-3　In-Sight 机器视觉系统

1. In-Sight 的历史发展

康耐视由麻省理工学院人类视觉感知学科的 RobertJ．Shillman 博士于 1981 年创立。1981 年 Shillman 博士离开研究院后，用 10 万美元的积蓄投资创办了康耐视公司，并邀请两个麻省理工学院的学生——MarilynMatz 和 BillSilver 联合创办公司，并为公司起名康耐视（Cognex），代表"识别专家"。公司在 1982 年生产出第一个视觉系统 DataMan。

DataMan 是当时少有的能够读取、验证和确认零件、组件上直接标记的字母、数字和符号的工业光学字符识别(OCR)系统。康耐视的第一个客户是打字机制造商,他们购买该系统用于检测每个打字机上的按键以确保其处于正确位置。1986 年,康耐视联合创办人 BillSilver 开发出一种名为 Search 的能够在灰度图像中快速精确地定位图案的强大软件工具,显著地改善了用户的使用效果。

90 年代中期,康耐视将注意力转移到终端市场。1994 年公司推出针对终端用户设计的基于计算机的视觉系统 Checkpoint。2000 年康耐视推出 In-Sight,该产品把相机、处理器和视觉软件结合到单个手机大小的装置中,使用户视觉系统向前推进一大步。In-Sight 使用模拟普通商务电子制表程序的简单"拖放"完全取代编程方式,从而显著简化工作人员配置视觉应用的过程。公司推出了简单专用的 Checker 视觉传感器,该产品使用光电传感器,可进行如存在/不存在等类型的检测。2004 年康耐视推出第一款名为 DataMan 的手持式视觉 ID 编码阅读器,它是公司设计用于 ID 应用的原始视觉产品。

进入 21 世纪,康耐视不断优化自身产品,推出了多种型号的视觉处理产品,可满足不同用户对视觉识别的多种性能要求。

2. In-Sight 的优势

简单易用性是 In-Sight 视觉系统的核心,In-Sight 视觉系统和 In-Sight 资源管理器软件界面虽然简便易用,但却功能强大。电子表格视图使用户对光学检测应用可以进行最大化的控制。In-Sight 资源管理器软件还包括 EasyBuilder 配置环境,可以在不进行编程的情况下快速部署可靠的应用。

3. In-Sight 的应用领域

(1)工业自动化领域。用于普通生产中质量和过程控制的视觉应用。

(2)半导体及电子领域。视觉应用集成到半导体和电子固定设备上。

(3)表面检测领域。在金属、纸、非纺织品、塑料和玻璃流水线生产中,可探测并划分产品缺陷。

产品系列主要有视觉系统、视觉软件、视觉传感器、ID 读码器、表面检测应用、车辆视觉应用等。

11.1.4 Mech-Vision

梅卡曼德机器人由我国清华海归团队于 2016 年创办,致力于推动智能机器人的存在。Mech-Vision 是新一代的机器视觉软件,采用完全图形化的界面,用户无须编写代码即可完成无序工件上料、纸箱/麻袋拆码垛、尺寸测量、缺陷检测、涂胶/切割/焊接、高精度定位装配等先进的机器视觉应用。Mech-Vision 内置 3D 视觉、深度学习等前沿算法模块,可满足复杂、多样的实际需求。其具有简单易用、功能强大、多语言支持等优点。如图 11-4 所示。

1. 简单易用

(1)无代码编程。图形化、无代码的界面,简洁的 UI 设计,功能分区明确。用户无须任何专业的编程技能,仅需要"添加算法模块－配置模块参数－连接模块连线"即可完成视觉工程的搭建。

图 11-4　Mech-Vision 3D 视觉平台

(2)可视化调试。支持视觉调试单步运行,可随时查看每个模块的文本、图像等中间结果。便于查错,可降低调试成本,提升效率。

(3)内置多个典型应用插件。集成无序上料、纸箱拆垛、快递包裹供包、免注册货品抓取、高精度定位、引导涂胶等多种应用插件,用户可轻松部署多个智能机器人的典型应用。

2. 功能强大

(1)多种典型视觉算法。软件包含丰富的视觉算法模块(如 3D 通用处理算法、3D 特征处理、3D 模型的创建和匹配、深度学习、2D 通用处理算法、2D 特征处理、2D 匹配、位姿调整以及轨迹类、测量类等专用算法),可应用于多个典型的实际场景。

(2)支持高效率并行计算处理。软件支持并行处理,最大程度利用计算机硬件资源,提高软件运行效率。

(3)内置深度学习等先进算法。软件内置深度学习框架,可以实现对纸箱、麻袋,以及任意堆叠的各种金属件、日用品的准确和高效识别。

(4)集成多种工具。软件集成自动标定、点云编辑、轨迹编辑、模板采集、示教抓取点等多种实用工具。

(5)3D 相机标定。软件内置高精度 3D 相机标定工具,可以配合机器人进行自动外参、内参及双相机融合标定。

3. 多语言支持

软件内置中文、英文语言包,支持一键切换软件语言。

如图 11-5 所示为运用 Mech-Vision 3D 视觉平台对随意堆叠的工件进行分类识别的结果。

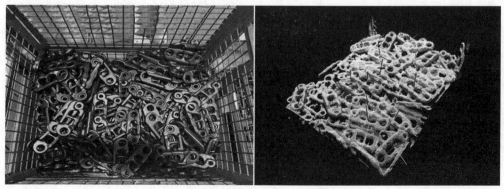

图 11-5　对随意堆叠的工件进行分类识别的结果

11.2 机器视觉标定

11.2.1 九点标定法

九点标定法是指工业上使用广泛的二维手眼标定,常用于从固定平面抓取对象进行装配等工业应用场景。九点标定法是直接建立相机和机械手之间的坐标变换关系,让机械手的末端去走这九个点,进而得到在机器人坐标系中的坐标,同时还要用相机识别九个点得到像素坐标,这样就得到了九组对应的坐标。如图 11-6 所示。

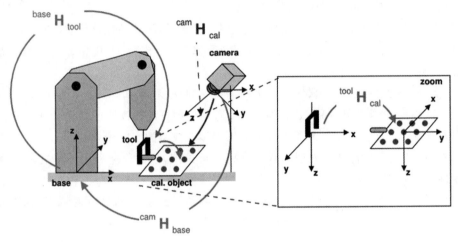

图 11-6 机械手臂底座与相机的空间位置关系

(1)标定程序主要用到下面两个算子

vector_to_hom_mat2d 用来生成像素坐标与机械坐标之间的转换矩阵

affine_trans_point_2d 应用上面的矩阵关系,把像素坐标转为机械坐标

(2)Halcon 九点标定参考例程

```
open_framegrabber ('GigEVision2', 0, 0, 0, 0, 0, 0, 'progressive', −1, 'default', −1,
'false', 'default', '94aab8029638_Microvision_MVEM500M', 0, −1, AcqHandle)
grab_11image (Image, AcqHandle)
close_framegrabber (AcqHandle)
//获取像素坐标
Row1:=[608,624,640,1127,1112,1097,1596,1612,1625]
Column1:=[1086,1632,2152,2133,1615,1071,1057,1597,2111]
//获取机械坐标
Row2:=[36.798,69.4,101.097,101.097,70.098,37.603,37.603,70.098,101.299]
Column2:=[−67.499, −67.398, −67.134, −96.108, −96.366, −96.597, −127.135,
−126.522,−126.538]
//标定
vector_to_hom_mat2d (Row1, Column1, Row2, Column2, HomMat2D)
```

//验证结果，找 5 mm 的圆并求出圆心位置

gen_rectangle1 (ROI_0，1312. 63，1298. 8，1422. 68，1403. 03)

reduce_domain(Image，ROI_0，ImageReduced)

threshold(ImageReduced，Region，0，50)

connection(Region，ConnectedRegions)

area_center(ConnectedRegions，Area，Row，Column)

//应用标定计算出像素坐标对应的机械坐标

affine_trans_point_2d (HomMat2D，Row，Column，Qx，Qy)

* 求解后，Qx，Qy 的结果为 55. 143 1，−112. 066。

11.2.2　手眼标定法

随着工业自动化的大力发展，机器人视觉的应用越来越广，尤其是在物流分拣、汽车制造装配与焊接、自动化生产检测等领域中。机器人视觉系统按照相机与机械臂的相对位置不同，可以分为 Eye-in-hand 系统和 Eye-to-hand 系统。在 Eye-in-hand 系统中，相机安装在机械臂 TCP 末端处随机械臂运动；在 Eye-to-hand 系统中相机独立安装在机械臂本体外，相机的位置不受机械臂运动影响。手眼标定是机器人视觉系统建立过程中的重要环节，基于 Halcon 软件结合特制的标定板，并充分考量相机畸变的影响，进而提出的一种快速、精确、高效的手眼标定方法。该方法是在标定过程中建立相机图像坐标系与机器人坐标系转换关系的同时获得相机内外参数。

实际上，手眼标定法主要是为了获得相机和机械手臂之间的坐标转换关系。人的眼睛和手就是手眼标定的最好例子，从婴儿时期开始，我们就开始练习抓取东西，直到我们找到一组参数来完成手眼标定。机器也是类似，由于传感器的安装误差，需要对传感器进行标定，找到相机和机械臂的坐标转换关系。

如图 11-7 所示。手眼标定可分为两类：

（1）眼在外（Eye-to-hand）。摄像头安装在机械手臂外，标定板安装在机械手臂末端。在这种情况下，我们需要找到相机坐标系到机械手臂底座坐标系之间的转换关系 H_{CAM}^{ROB}。

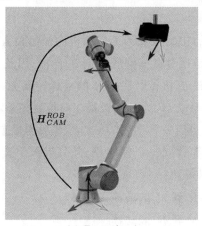

(a) Eye-to-hand

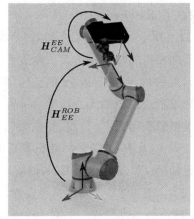

(b) Eye-in-hand

图 11-7　手眼标定

（2）眼在手(Eye-in-hand)。摄像头安装在机械手臂上，标定板固定放在机械手外。在这种情况下，我们需要找到相机坐标系到机械手臂末端执行器之间的坐标转换关系 H_{CMA}^{ROB}。由于我们知道机械手臂末端执行器的坐标和机械手臂底座坐标系之间的关系 H_{EE}^{ROB}，因此很容易得到相机到机械手臂坐标系的转换 $H_{CAM}^{ROB}=H_{EE}^{ROB}\times H_{CAM}^{EE}$。

接下来，对上述两种情况的数学转换关系进行讲解：

（1）眼在外(Eye-to-hand)

由于标定板固定在机械手臂末端，因此在 2 次移动过程中标定板和机械手臂末端的位置关系保持不变(X)，机械手臂底座和相机之间的位置不变(T_C^R)。其中，R 为机械手臂底座，H 为标定板，E 为机械手臂末端，C 为相机。眼在外的位置关系如图 11-8 所示。

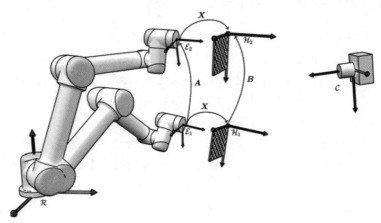

图 11-8　眼在外的位置关系

数学演算关系为

$$T_{H1}^{E1}=T_R^{E1}\times T_C^R\times T_{H1}^C \quad ①$$
$$T_{H2}^{E2}=T_R^{E2}\times T_C^R\times T_{H2}^C \quad ②$$
$$T_R^{E1}\times T_C^R\times T_{H1}^C=T_R^{E2}\times T_C^R\times T_{H2}^C \quad ③$$
$$T_{E2}^R\times T_R^{E1}\times T_C^R=T_C^R\times T_{H2}^C\times T_C^{H1} \quad ④$$

（2）眼在手(Eye-in-hand)

如图 11-9 所示，假设机械手末端执行器的初始位置为 E_1，相机的初始位置为 C_1，求末端执行器到相机的转换关系 X。由于 E_1 是相对机械臂底座 R 的坐标，因此 E_1 已知，我们也可以得到 C_1 到标定板 H 的坐标，但 H 到机械臂底座 R 的坐标转换关系未知，因此我们无法求解 X。既然无法用绝对位置关系求解，那么能否用相对位置关系求解呢？

假设机械臂移动到 E_2 位置，相机的位置也随着移动变为 C_2，标定板的位置还是 H。这里我们发现前、后有两次移动，相机看到的都是同一个标定板，并且机械手臂底座到标定板的坐标转换 T_H^R 是固定不变的，因此可以得到：

$$T_H^R=T_{E1}^R\times X\times T_H^{C1} \quad ①第一位置，从 R 到 H 的转换$$
$$T_H^R=T_{E2}^R\times X\times T_H^{C2} \quad ②第二位置，从 R 到 H 的转换$$
$$T_{E1}^R\times X\times T_H^{C1}=T_{E2}^R\times X\times T_H^{C2} \quad ③二者相等$$

$$T_R^{E2} \times T_{E1}^R \times X = X \times T_H^{C2} \times T_{C1}^H \qquad ④分别在等式两边,乘以\ T_R^{E2}\ 和\ T_{C1}^H$$

$$T_{E1}^{E2} \times X = X \times T_{C1}^{C2} \qquad ⑤$$

令 $T_{E1}^{E2}=A$,$T_{C1}^{C2}=B$,因此有 $AX=XB$,手眼标定通常可以总结为 $AX=XB$。

接下来我们看眼在外的情况。由于标定板固定在机械手臂末端,两次移动过程中标定板和机械手臂末端的位置关系保持不变(X),机械手臂底座和相机之间的位置不变(T_C^R)。其中,R 为机械手臂底座,H 为标定板,E 为机械手臂末端,C 为相机。眼在手的位置关系如图 11-9 所示。

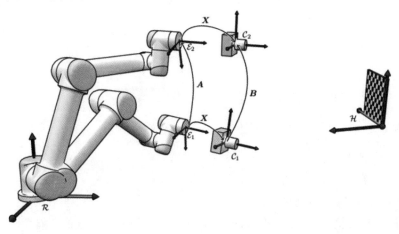

图 11-9　眼在手的位置关系

(3)问题求解

手眼标定 $AX=XB$ 的求解分为 2 步法和 1 步法。其中 2 步法是指先求旋转再求平移,而 1 步法是指一次求解旋转和平移。由于 2 步法求解旋转的时候会引入误差到下一步,因此目前采用 1 步法的精度更高。下面提供 2 步法的求解方法:

$$T_{E1}^{E2} \times X = X \times T_{C1}^{C2}$$

$$\begin{pmatrix} R_{E2E1} & t_{E2E1} \\ 0 & 1 \end{pmatrix} \begin{pmatrix} R_{EC} & t_{EC} \\ 0 & 1 \end{pmatrix} = \begin{pmatrix} R_{EC} & t_{EC} \\ 0 & 1 \end{pmatrix} \begin{pmatrix} R_{C2C1} & t_{C2C1} \\ 0 & 1 \end{pmatrix}$$

根据矩阵乘法展开可以得到

$$R_{E2E1} \times R_{EC} = R_{EC} \times R_{C2C1}$$

$$(R_{E2E1}-1) \times t_{EC} = R_{EC} \times t_{C2C1} - t_{E2E1}$$

先求解旋转 R_{EC},然后求解 t_{EC}。

步骤一:把旋转矩阵变为旋转向量

$$\begin{cases} r_a = \text{Roderigues}(R_a) \\ r_b = \text{Roderigues}(R_b) \end{cases}$$

步骤二:旋转向量归一化

$$\begin{cases} \theta_a = \parallel r_a \parallel_2 N_a = \dfrac{r_a}{\theta_a} \\[3mm] \theta_b = \parallel r_b \parallel_2 N_b = \dfrac{r_b}{\theta_b} \end{cases}$$

步骤三:计算修正的罗德里格斯向量

$$\begin{cases} p_a = 2\sin\dfrac{\theta_a}{2}N_a \\ p_b = 2\sin\dfrac{\theta_b}{2}N_b \end{cases}$$

步骤四:计算初始旋转向量

$$\text{skew}(p_a + p_b)p_x' = p_b - p_a$$

步骤五:计算旋转向量

$$p_x = \frac{2p_x'}{\sqrt{1+|p_x'|^2}}$$

步骤六:计算旋转矩阵

$$R_x = \left(1 - \frac{|p_x|^2}{2}\right)I + (P_x P_x^T + \sqrt{4-|p_x|^2} * \text{skew}(p_x))$$

步骤七:计算平移矩阵

$$(R_A - I)T_X = R_X T_B - T_A$$

Open CV 相机标定的步骤如下:

①使用相机拍摄 10~20 张棋盘图片,确保每一张图片中棋盘的所有角点都在内。

②使用角点检测(findCheesboardCorners.vi),获取棋盘中的所有角点(以 9 * 6 为例)。

③使用亚像素点检测,获取这些角点的精确坐标(CornerSubPix.vi)。

④使用相机标定函数(CalibrateCamera.vi)进行相机标定。

Open CV 相机标定结果如图 11-10 所示。

图 11-10　Open CV 相机标定结果

11.3　机器视觉应用案例集锦(表 11-1)

表 11-1　　　　　　　　　　　　　　机器视觉应用案例集锦

产品图	说明
	项目名称:电动机小壳端盖点胶指引。 检测内容:电动机小壳线圈定位。 检测效率:<400 ms/pcs。 检测精度:<0.16 mm。 应用说明:该视觉应用为检测小壳线圈位置信息,将位置信息发送至上位机,完成机械手点胶动作。 应用扩展: ①点胶指引; ②点胶效果检测; ③线圈位置偏移检测
	项目名称:电动机小壳胶水检测。 检测内容:电动机小壳猪尾胶水。 检测效率:<515.7 ms/pcs。 检测精度:<0.013 mm。 应用说明:该视觉应用为检测小壳猪尾胶,将判断信息发送至上位机,完成机械筛选动作。 应用扩展: ①缺陷检测; ②位置定位; ③检测有无
	项目名称:电动机扇叶定位检测。 检测内容:电动机扇叶角度定位。 检测效率:<61.4 ms/pcs。 检测精度:<0.016 mm。 应用说明:该视觉应用为检测电动机扇叶位置信息,将角度位置信息发送至上位机,完成机械旋转动作。 应用扩展: ①位置定位; ②缺陷检测
	项目名称:电动机铁芯定位检测。 检测内容:电动机铁芯位置区分上、下层。 检测效率:<1 000 ms/pcs。 检测精度:<0.03 mm。 应用说明:该视觉应用为检测铁芯位置,且需要区分上、下层及正反,将位置信息发送至上位机,完成机械夹取动作。 应用扩展: ①位置定位; ②检测有无; ③尺寸检测

产品图	说明
	项目名称：电动机底板孔定位检测。 检测内容：电动机底板孔定位。 检测效率：＜200 ms/pcs。 检测精度：＜0.015 mm。 应用说明：该视觉应用为检测底板孔位置，将位置信息发送至上位机，完成机械安装动作。 应用扩展： ①缺陷检测； ②位置定位； ③检测有无
	项目名称：电动机齿轮缺陷检测。 检测内容：电动机齿轮缺齿崩边。 检测效率：＜300 ms/pcs。 检测精度：＜0.03 mm＜0.078 6＊。 应用说明：该视觉应用为检测齿轮崩边缺陷信息，将判断信息发送至上位机，完成机械筛选动作。 应用扩展： ①位置定位； ②缺陷检测； ③有无检测
	项目名称：电动机大壳角度定位检测。 检测内容：电动机大壳压脚定位。 检测效率：＜300 ms/pcs。 检测精度：＜0.17 mm＜0.078 6＊。 应用说明：该视觉应用为检测大壳压脚位置信息，将位置信息发送至上位机，完成机械旋转动作。 应用扩展： ①位置定位； ②检测有无； ③尺寸检测
	项目名称：电机动电枢胶水检测。 检测内容：电机动电枢缝隙胶水。 检测效率：＜180 ms/pcs。 检测精度：＜0.021 m。 应用说明：该视觉应用为检测电枢缝隙胶水，将判断信息发送至上位机，完成机械筛选动作。 应用扩展： ①缺陷检测； ②位置定位； ③检测有无

（续表）

产品图	说明
	项目名称：电动机介子缺陷检测。 检测内容：电动机介子裂痕。 检测效率：<60 ms/pcs。 检测精度：<0.012 mm。 应用说明：该视觉应用为检测电动机介子缺陷信息，将判断信息发送至上位机，完成机械筛选动作。 应用扩展： ①位置定位； ②缺陷检测； ③有无检测
	项目名称：电动机小壳弹簧柱检测。 检测内容：电动机小壳弹簧定位。 检测效率：<78 ms/pcs。 检测精度：<0.13 mm。 应用说明：该视觉应用为检测弹簧柱位置信息，将位置信息发送至上位机，完成机械放置弹簧动作。 应用扩展： ①位置定位； ②检测有无； ③尺寸检测
	项目名称：电动机 PCB 板焊锡检测。 检测内容：电动机 PCB 板焊锡有无。 检测效率：<95 ms/pcs。 检测精度：<0.016 mm。 应用说明：该视觉应用为检测 PCB 板焊锡有无，将判断信息发送至上位机，完成机械筛选动作。 应用扩展： ①缺陷检测； ②位置定位； ③检测有无
	项目名称：电动机 PCB 板高度检测。 检测内容：电动机 PCB 板位置高度。 检测效率：<50 ms/pcs。 检测精度：<0.015 mm。 应用说明：该视觉应用为检测电动机 PCB 板高度信息，将判断信息发送至上位机，完成机械筛选动作。 应用扩展： ①位置定位； ②缺陷检测； ③有无检测

（续表）

产品图	说明
	项目名称：电动机电枢距离检测。 检测内容：电动机电枢与换向器/定位圈的距离。 检测效率：＜160 ms/pcs。 检测精度：＜0.016 mm。 应用说明：该视觉应用为检测电枢与换向器及定位圈的尺寸信息，将判断信息发送至上位机，完成机械筛选动作。 应用扩展： ①位置定位； ②检测有无； ③尺寸检测
	项目名称：电动机换向器分类检测。 检测内容：电动机换向器分类。 检测效率：＜360 ms/pcs。 检测精度：＜0.02 mm。 应用说明：该视觉应用为检测换向器分类，将判断信息发送至上位机，完成机械筛选动作。 应用扩展： ①缺陷检测； ②位置定位； ③检测有无
	项目名称：电动机电枢角度检测。 检测内容：电动机电枢与换向器角度差。 检测效率：＜61.4 ms/pcs。 检测精度：＜0.017 mm＜0.078 6°。 应用说明：该视觉应用为检测电枢与换向器的角度差信息，将判断信息发送至上位机，完成机械筛选动作。 应用扩展： ①位置定位； ②缺陷检测； ③有无检测
	项目名称：电动机小壳针脚检测。 检测内容：电动机小壳针脚歪曲程度。 检测效率：＜100 ms/pcs。 检测精度：＜0.023 mm。 应用说明：该视觉应用为针脚歪曲程度信息，将判断信息发送至上位机，完成机械放置弹簧动作。 应用扩展： ①位置定位； ②检测有无； ③尺寸检测

（续表）

产品图	说明
	项目名称:电动机小壳猪尾路径检测。 检测内容:电动机小壳猪尾是否在合格范围。 检测效率:＜150 ms/pcs。 检测精度:＜0.016 mm。 应用说明:该视觉应用为检测小壳猪尾位置是否在合格范围,将判断信息发送到上位机,完成机械筛选动作。 应用扩展: ①缺陷检测; ②位置定位; ③检测有无
	项目名称:电动机小壳碳刷检测。 检测内容:电动机小壳碳刷有无。 检测效率:＜61.4 ms/pcs。 检测精度:＜0.016 mm。 应用说明:该视觉应用为检测电动机小壳碳刷有无信息,将判断信息发送至上位机,完成机械筛选动作。 应用扩展: ①位置定位; ②缺陷检测; ③有无检测

习题十一

1.结合机器人和机器视觉技术,查阅相关资料,列举 3～5 款机器人视觉应用平台。

2.结合本章所提供的机器视觉应用案例,选取其中 1～2 个案例,用所学机器人视觉算法流程,求解满足其功能的完整算法。

3.对比九点标定、手眼标定的区别和联系,二者在求解目标点坐标时的转换矩阵是什么? 求解方法有什么异同点?

参考文献

[1] 张融,梅志敏,韩昌.机器人技术及应用[M].大连:大连理工大学出版社,2021.11.

[2] 舒奇,黄家才.基于 Halcon 的机器人手眼标定方法研究[J].南京:南京工程学院学报(自然科学版),2019,17(01):45—49.

[3] 余丰闯,田进礼,张聚峰,等.ABB 工业机器人应用案例详解[M].重庆:重庆大学出版社,2019.

[4] 章毓晋.计算机视觉教程[M].北京:人民邮电出版社,2021.

[5] 梅志敏,张融,李硕.机器人工作站三维仿真设计[M].武汉:华中科技大学出版社,2021.

[6] 潘广耀.基于机器视觉的工业机器人目标定位及检测系统研究[D].青岛:青岛科技大学,2022.

[7] 夏广远.工业机器人抓取中的视觉定位方法研究[D].包头:内蒙古科技大学,2021.

[8] 李泽辰.基于双目视觉的工业机器人目标识别与定位系统研究[D].青岛:青岛科技大学,2021.

[9] 王诗宇.智能化工业机器人视觉系统关键技术研究[D].沈阳:中国科学院大学(中国科学院沈阳计算技术研究所),2021.

[10] 刘东.面向装配的机器人视觉伺服定位技术研究[D].武汉:华中科技大学,2021.

[11] 杨人豪.工业机器人视觉定位抓取技术的研究[D].广州:广东工业大学,2021.

[12] 彭杰.基于机器视觉的工业机器人上下料系统设计与开发[D].成都:西南交通大学,2021.

[13] 孙阳.基于机器视觉的机器人纸箱码垛关键技术研究[D].青岛:山东理工大学,2021.